D1917487

Volksweisheiten und Bauernregeln

Volksweisheiten und Bauernregeln

Herausgegeben von
Dorothee Fetzer

Gondrom

© 1990 by Gondrom Verlag, Bindlach
Satz: Fotosatz-Studio GmbH, Fichtelberg
Umschlaggestaltung: Creativ Werbe- und
Verlags-GmbH Kolb, Leutenbach
Titelbild: Bavaria-Verlag Bildagentur
(Wetterhahn auf dem Dach, Weissing)
Druck und Bindung: Wiener Verlag, Himberg bei Wien
Printed in Austria
ISBN 3-8112-0669-9

Ein Ackermann, ein Wackermann

Ein Bauer, der nicht ackert, und eine Henne, die nicht gackert, bleiben nicht lange auf dem Hofe.

Das Feld macht den Bauern zum Held.

Der Landmann muß seinen Pflug selbst führen, wenn es gedeihen soll.

Der Acker ist der dankbarste Schuldner.

Je mehr man den Boden pflügt, desto fruchtbarer wird er.

So man den Acker bauen tut,
trägt er Früchte, bös oder gut.

Auf dem Acker ist kein besserer Mist,
als der an des Herrn Schuhen ist.

Der geschickteste Ackersmann macht mal eine krumme Furche.

Der Acker muß schwächer sein als der Bauer.

Wer täglich sieht nach seinem Feld, der findet täglich ein Stück Geld.

Wenn der Schweiß echt ist, bleibt auch das Brot nicht aus.

Brechen, pflügen und stark misten, füllt dem Bauern seine Kisten.

Wald hat Ohren, Feld Gesicht.

Wer sich nicht bückt, ackert schlecht.

„Mitti Faschte fangt de Summer a,
do mueß jeder Bur[1] ein Pflueg ha,
von morgens früeh bis abends spät,
bis der Bauer hät sin Acker gsät, -
Wollt ihr wissen, wer unser oberster Bauersmann ist,
das ist unser Herr Jesus Christ!
Wir Brüder und Schwestern sind alle seine Knecht und Mägd, -
und wenn der oberste Bauersmann nicht wär,
dann stünde manchem Herrn der Kasten leer. -
Und wenn es umme e Schnieder isch,
der hockt glie obe an de Tisch
und frißt und suuft, sischt glich, was ischt:
Suure Ruebe, Späck und Schnitz![2]
Und wenndr wend[3], so gend is au,[4]
und beschauet euse[5] Miesme au,
und beschaueter euse Miesme it,
so erlebeder[6] de heilig Ostertag au it!"

Fastnachtsbrauch

[1]Bauer [2]Apfel- und Birnenschnitzen [3]wenn ihr wollt [4] so gebt uns auch [5]unseren [6]erlebt ihr

Wer sein Feld in gutem Stand will sehn, muß täglich selber darauf gehn.

Wer den Acker zu gut baut, wenig Früchte schaut.

Wie der Acker, so die Ruben,
wie der Vater, so die Buben.

Besser ackern und düngen als beten und singen.

Soll's dem Bauern glücken,
muß den Pflug er selber drücken.

Der Ackermann ist das folgende Jahr reich.

Im Untergrunde liegt das Gold.

Wenn das Feld arm ist, sind die Bienen reich.

Tiefer Pfluggang - lange Ähren.

Wer mit dem Fuchs ackert, dem widerstrebt der Pflug.

Arbeiten auf dem Lande ist besser
als in der Wüste beten.

Halber Mist genügt, wenn man im Sommer pflügt.

Bücke dich eher dreimal zuviel als einmal zuwenig.

Wer zu dick säet, braucht die Scheunen nicht größer zu bauen.

Die Tonböden hassen das Pflügen im Nassen.

Was die Egge bestrichen und die Hacke bedeckt, das folgt dem Erbe.

Zu früh säen ist selten gut, zu spät säen ist gar nicht gut.

Arbeitest du mich nicht, so arbeite ich dich, sagte der Acker zum Bauern.

Was man an der Saat spart, verliert man an der Ernte.

Die Saat ist dem, dem der Acker ist.

Wie du den Acker wirst eggen,
so wird das Getreide sich legen.

Man muß nicht mehr ackern, als man eineggen kann.

Guter Boden macht den Bauern reich,
aber nicht sogleich.

Der Boden trägt gut, wenn der Herr selbst das Beste tut.

Wer dünn säet, erntet dicht.

Sei nimmer faul - das Jahr hat ein gar großes Maul.

Wo der Acker braun ist, ist reiche Furche zu schaun.

Ackerwerk hat Mühe.

Wie Eulenspiegel sich zu einem Kürschner verdingt und ihm in die Stuben schiß, auf daß ein Gestank den anderen vertreiben sollt

Einstmals kam Eulenspiegel gen Aschersleben, und es war Wintersnot und dürre Zeit, und er gedacht: „Was willst du nun anfangen, daß du aus dem Winter und der teuren Zeit kommest?“ Da war niemand, der eins Knechts bedurft, aber da wohnt ein Kürschner, der wollt ein Knecht annehmen, wenn einer käm wandern von seinem Handwerk. Da gedacht Eulenspiegel: „Was willst du tun? Es ist Winter und darzu teuer, du mußt leiden, was du leiden kannst, und leidest die Winterzeit über aus.“ Und verdingt sich dem Kürschner für ein Knecht. – Als er nun auf die Werkstatt ging sitzen und wollt Pelz nähen, da war er des Geschmacks nit gewohnt und sagt: „Pfui, pfui, bist du so weiß als Krieden und stinkst so übel als Dreck.“ Der Kürschner sagt: „Riechst du das nit gern und gehst darhin sitzen? Daß es stinkt, das ist natürlich und ist von der Wollen, die das Schaf hat auf der rechten Seiten.“

Eulenspiegel schwieg still und gedacht: „Ein Bös pflegt das ander zu vertreiben“, und ließ so ein sauren Furz, daß der Meister mit seiner Frauen die Nasen zu mußten halten, und der Kürschner sprach: „Was machst du? Willst du übel Fürz lassen, so geh aus der Stuben in den Hof und furz da, soviel du willst.“ Eulenspiegel sprach: „Das ist einem Menschen viel natürlicher zur Gesundheit denn der Gestank von den Schaffellen.“ Der Kürschner sprach: „Das sei gesund oder nit, willst du fürder furzen, so geh in den Hof.“ Eulenspiegel sprach: „Meister, es ist verloren, alle Fürz wollen nit gern in der Kälte sein, denn sie sein alle Zeit in der Wärme, und das zur Ursach lasset einen Furz: er geht Euch bald aus der Wärme, da er ausgekommen ist, wieder in die Nase.“ Der Kürschner schwieg, er vernahm wohl, daß er mit einer Schalkheit beladen war, und gedacht, er wollt ihn nit lang brauchen. Eulenspiegel saß fürder und näht und räuspert und warf aus und hüstelt das Haar aus dem

Mund. Der Kürschner saß und sah ihn an und schwieg bis des Abends, da sie gegessen hätten. Da sprach der Meister zu ihm: „Lieber Knecht, ich seh wohl, daß du bei diesem Handwerk nit gern bist. Ich laß mich dünken, du seiest kein rechter Kürschnerknecht. Das merk ich an deinen Gebärden, oder du mußt nicht lang darbei gewesen sein, denn du bist des Werks nit gewohnt. Hättest du darbei nit mehr denn vier Tag geschlafen, so rümpfest du dich auch nit also darob und fragst auch nit darnach, so wär das auch nit zuwider. Darum, mein lieber Knecht, lustet dich nit, hie zu bleiben, so magst du morgen gehn, da dein Pferd steht."
Eulenspiegel sagt: „Lieber Meister, Ihr saget sehr wahr, ich bin darbei nit lang gewesen. Wenn Ihr mir nun wollet gestatten, daß ich vier Nächt bei dem Werk schlief, daß ich des gewohnt werde, und dann sehet Ihr, was ich tun mag." Des war der Kürschner zufrieden, denn er bedurft seiner, und Eulenspiegel konnt auch wohl nähen.

Beschneide du Deinen Buchsbaum wie du willst, und pflanze Deine Blumen nach Dir verständlichen Schattierungen, aber beurteile nicht den Garten der Natur nach Deinem Blumengärtchen.

Georg Christoph Lichtenberg

Ein guter Fuhrmann will auch gute Fracht.

Erwartest du Fleiß, spar selbst nicht mit Fleiß.

Bauernschweiß und Märzenstaub sind teure Ware.

Der Gärtner pflanze, der Soldat schanze.

Wie der Gärtner, so der Garten.

Wer mit einem Müden arbeitet, arbeitet für zwei.

Je fetter das Gras, je besser die Milch.

Blaue Blumen sind schön im Korn, aber dem Landmann sind sie ein Dorn.

Im Korn die Blumen blau und rot,
machen dem Bauern liebe Not.

Düng auch die Wiesen, damit sie sprießen.

Wo sich der Mist mehrt, da mehrt sich auch das Geld.

Wo köstliche Jauche zum Hofe rausfließt,
man mit Recht auf
einen faulen Besitzer schließt.

Kuhdünger ist ein Ringer,
Ochsendünger ist ein Bringer
Pferdedünger ist ein Zwinger.

Wintermist ist Sommerpfeffer.

Wer den Acker aus der Westentasche düngt,
die Ernte leicht in die Rocktasche bringt.

Moos macht das Land los,
Laub macht das Land taub,
Holz macht das Land stolz,
Mist der beste Dünger ist.

Wer spärlich seinen Acker düngt,
der weiß schon, was die Erde bringt.

Wer Gott vertraut und scheißt ins Kraut,
dem wachsen große (Kohl-)Köpfe.

Was stinkt, das düngt.

Knochen, Bein und Haar düngen hundert Jahr.

Der Bauer scheißt nicht einmal gern auf fremden Acker.

Die Düngergrube ist die Goldgrube der Landwirtschaft.

Dem Düngerwagen müssen alle Wagen weichen.

Wenn der Bauer den Acker nicht bescheißt, so bescheißt der Acker den Bauern.

Sand ist Mist,
wenn er an der rechten Stelle ist.

Baue viel Futter, füttere gut Vieh,
dann fehlt es auch an Dünger nie.

Das ist schändlich, sagte der Bauer, als die Kuh ins Wasser schiß, das Land ist groß genug.

Es nützt weniger beten und singen
als tüchtig düngen.

Dünger ist die Seele vom Ackerbau,
sie gehören zusammen wie Mann und Frau.

Wer gute Ernte machen will,
der düng' und pflüg' und grabe viel.

Wer den Dünger verkauft,
verkauft das Fett von der Suppe.

Der Dünger ist mein Weihrauch, sagte der Bauer.

Wer auf schlechte Weide treibt die Kuh,
verliert die Milch und den Mist dazu.

Unkraut wächst auch unbegossen.

Unkraut vergeit nicht, so kalt ist kein Winter nicht.

Unkraut wächst ohne Saat,
gutem Korn es übel gaht.

Wegen eines einzigen unfruchtbaren Jahres muß man das Säen nicht einstellen.

Lieber im tiefen Wasser ersaufen
als das Korn auf dem Halme verkaufen.

Auch nach einer schlechten Ernte muß man wieder säen.

Man muß erst seine Brache düngen, ehe man dem Nachbarn Dünger verkauft.

Der Wetzstein hilft auch mähen.

Man muß mit einem blinden Gaul pflügen, wenn man keinen sehenden hat.

Wenn die wilden Rosen blühen,
ist es Zeit zur Erbsensaat.
Häfer säe auf die Felder,
wenn die Buche Blüten hat.
Wenn die Eichenknospe bricht,
dann vergiß die Gerste nicht.

Wenn der Schimmel über die Hecke schaut, ist es Zeit, daß man Hafer baut.

Wenn die Birke Kätzchen hat,
ist es Zeit zur Gerstensaat.

Wenn die Spinne den Boden bespannt,
kommt der Bauer mit dem Samen gerannt.

Wenn die Bohnen üppig geraten,
geraten auch trefflich unsere Saaten.

Man muß dem lieben Herrgott helfen, gutes Korn zu machen.

Wer sein Brot sauer verdient, dem schmeckt es desto besser.

Arbeit gibt den Speisen guten Geschmack.

Arbeit ist der beste Schlaftrunk.

Arbeit ohne Glück hilft nichts.

Arbeit pflanzt Rosen auf die Wangen.

Wer nicht arbeitet von früh bis spat,
von Gott nichts zu erwarten hat.

Fremder Boden macht alten Lein jung.

Nicht jeder Boden kann jedes tragen.

Wenn der Boden zu fett ist, so erstickt die Frucht.

Wer seine Böden voll Getreide haben will, muß den Flegel walten lassen.

Der Mist folgt keinem Acker.

Was einem auf eignem Miste wuchs, das borgt man nie von Rab' und Fuchs.

Wo der Mistwagen nicht hingeht, kommt der Erntewagen nicht her.

Das Vieh ist leicht zu treiben, das selber nach dem Stalle läuft.

Nasses Stroh brennt nicht.

Stroh macht den Acker froh.

Eine Winterähre ist so viel wert als eine Sommerähre.

Aus Furcht vor Tauben muß man das Säen nicht lassen.

Wenn der Flieder langsam verblüht, die Ernte sich lange hinzieht.

Wenn der Flieder verblühet schnell, so geht's mit der Ernte rasch von der Stell.

Auf einem kleinen Felde wächst auch gut Korn.

Eigener Fleiß macht den Schornstein rauchen.

Fleiß bringt Brot, Faulheit Not.

Erst Fleiß, dann Preis.

Geht der Fleiß zur Tür hinaus, steigt die Armut zum Fenster herein.

Ohne Dung und Pflug wachsen Narren überall genug.

Auch im Düngen kann man zu viel tun.

Wetter macht den Bauer süß und sauer

Gott macht das Wetter und die Menschen den Kalender.

Es ist keine Kunst, den Kalender zu machen, wenn's Jahr vorbei ist.

Der Mond ist der Bauern Kalender.

Das Alter hat den Kalender am Leibe.

Wetterkunde ist des Landmannes erste Weisheit.

Wer's Wetter scheut, kommt niemals weit.

Man muß die Feste feiern, wie sie fallen,
und das Wetter nehmen, wie es ist.

Wer jede Wolke fürchtet, taugt zu einem Bauern nicht.

Das Wetter lob am Abend, die Braut im andern Jahr, den Schwiegersohn zu Haus im dritten.

Wetter macht den Bauer süß und sauer.

Ein Weiser sieht am Abend schon,
wie's am Morgen sein wird.

Es sieht mancher gen Himmel und weiß nicht, wie's Wetter werden wird.

Mancher hat gebratene Hühner genug gegessen und versteht doch nicht soviel vom Wetter als der Hahn.

Kräht ein Hahn auf dem Mist,
bleibt das Wetter, wie es ist.
Kräht ein Hahn auf dem Hühnerhaus,
hält das Wetter die Woche aus.

Wenn alte Ochsen spielen, toben und ländern,
will sich das Wetter ändern.

Kälte vertreibt das Ungeziefer.

Kommen die Fische früh an's Licht,
trau dem Tag,
dem Wetter nicht.

Wenn die Esel geilen, so verderben sie das Wetter.

Wenn der Nebel fällt zur Erden,
wird bald gutes Wetter werden;
steigt der Nebel nach dem Dach,
folgt bald großer Regen nach.

Das vorige Jahr war immer besser.

Sage nichts Schlimmes vom Jahr, bevor es vorüber.

Sobald die Sonne aufzieht, halten die Frösche ihre Goschen.

Der Reif in einer einzigen Nacht
hat oft den Blüten den Tod gebracht.

Wenn man den Hahn krähen hört, muß man nicht gleich glauben, daß es Tag ist.

Mäusejahr und Hageljahr sind gute Jahr' und bringen keine Teuerung.

Wenn das Jahr viele Schwämme bringt,
der Landmann dann mit Hunger ringt.

In dürren Jahren mehrt sich das Ungeziefer.

Ist's in diesem Jahre trocken,
gibt's im nächsten guten Roggen.

Wirft der Storch aus dem Nest
eins von der jungen Schar,
so gibt es ein trockenes Jahr.

Ein trocken Jahr ist nicht unfruchtbar.

Mit dem Korn von einem Jahr, das gut,
macht man den Schaden von drei schlechten gut.

Alle sieben Jahr' ein Flohjahr,
alle sieben Jahr' ein Raupenjahr,
alle sieben Jahr' ein Käferjahr.

Es gibt mehr Tage im Jahr als Getreidehaufen.

In einem guten Jahr wächst Korn für zwei schlechte.

Sonnjahr - Wonnjahr,
Kotjahr - Notjahr.

Später Frühling - früher Winter.

Der Lenz ist feucht, der Sommer dürr, der Herbst weich, der Winter rauh.

Viel Nebel im Frühjahr - viel Regen im Sommer.

Die dunkle Nacht heitren Tag macht.

Schöne Nächte - trübe Tage.

Je finstrer die Nacht, je heller der Morgen.

Wenn es will Abend sein,
verliert die Sonne Hitz' und Schein.

Wenn Eicheln und Bucheckern wohlgedeihen, so ist der Winter kalt und wird viel schneien.

Sind die Eicheln gesund und schön, so wird im nächsten Sommer viel Hitze sein.

Der Monat, der die Kälte bringt, bringt auch die Wölfe.

Ein Monat kann nichts ohne den andern.

In den Monaten ohne R sind die Krebse gut, die Küsse nicht, aber die vollen Gläser.

Schönes Wetter bringt Gewinn,
merk dir das in deinem Sinn.

Der Schnee ist ein gutes Kleid, kommt er zu rechter Zeit.

Es ist nicht alles Schnee, was weiß ist.

Später Schnee macht dem Bauern Angst und Weh.

Was man mit Frost anfängt, geht mit Frost aus.

Wenn die Disteln hoch wachsen, gibt's viel Schnee.

Ein Sonnenblick bringt mehr Gras hervor als zehn Hagelwetter.

Der schönste Tag beginnt mit einer stillen Morgenröte.

Der Abend rot, der Morgen grau,
gibt das schönste Tagesblau.

Je heißer das Wetter, je mehr stechen die Fliegen.

Abendrot und Morgenhell
sind ein guter Reisegesell.

Scheint die Sonne auf den nassen Busch,
so kommt bald ein andrer Husch.

Roter Abend und brauner Morgen
sind des Pilgers Wunsch und Sorgen.

Fällt morgens Regen wie feiner Staub,
an gut Wetter glaub.

Weiße Wolken befeuchten die Erde nicht.

Es donnert selten bei schönem Wetter.

Schäfchen, die hoch am Himmel weiden,
immer nur gute Tage bedeuten.

Wenn Schäfchen am Himmel stehen,
kann man ohne Schirm spazierengehen.

Wenn kurz vor Vollmond
der Sonnenaufgang neblig war,
wird's Wetter in den nächsten Tagen
warm und klar.

Sind abends über Wies' und Fluß
Nebel zu schauen,
wird die Luft anhaltend schön Wetter brauen.

Starker Tau hält Himmel blau.

Abendbrot bei West
gibt dem Frost den Rest.

Die Sonne hat noch keinen Bauern aus seinem Hof hinausgeschienen, aber's Wasser schon manchen herausgeschwemmt.

Kiebitz tief und Schwalben hoch,
bleibt trocken Wetter noch.

Wenn abends dicker Nebel liegt,
dann das schöne Wetter siegt.

Sonnenschein zerbricht keine Bäume.

Die Grille mit ihrem Zirpen mißt,
wie warm die Luft am Boden ist.

Wenn die Fledermäuse abends herumfliegen, so folgt ein anhaltend gutes Wetter.

Es ist umsonst das Feld bestellt,
wenn keine Sonne es erhellt.

Sonnenschein hat den Brotschrank nie geleert,
aber Nässe den Mangel oft vermehrt.

Nachts Regen, Tages Sonne,
füllen Scheuer, Sack und Tonne.

Steigt die Lerche hoch, singt lange hoch oben,
habt ihr das lieblichste Wetter zu loben.

Wenn die Sonne unter ist, stehen alle Kühe im Schatten.

Wo die Sonne hineinkommt,
kommt der Arzt nicht hinein.

Ein Sonnenblick bringt mehr Gras hervor als zehn Hagelwetter.

Wenn es bei Sonnenschein regnet, so ist Kirmes in der Hölle.

Frühe Sonne währet nicht lange.

Vor finstrer Sonne in der Blüte, der liebe Gott das Korn behüte.

Die Sonne scheint im Winter so schön als im Sommer, aber sie wärmt wenig.

Die Sonne scheint jedem einen jungen Tag ins Haus.

Die Sonne hat auch ihren Schatten, aber je höher sie steigt, desto kleiner wird er.

Ein Wind, der von Ostern und Pfingsten regiert,
im ganzen Jahr sich wenig verliert.

Wer auf alle Winde will sehen,
der wird nicht säen und nicht mähen.

Süd bringt Regen, Nordwind Dürre,
danach richte dein Geschirre.

Das Wetter erkennt man am Winde
wie den Herrn am Gesinde.

Auf Bergen geht der Wind heftiger als im Tale.

Wind in der Nacht
am Tage Wasser macht.

Großer Wind ohne Regen
kommt selten gelegen.

Die Heuschrecke merkt's,
wenn ein kalter Wind kommen soll.

Weht der Wind aus Süden,
ist uns bald Regen beschieden.

Wenn der Hahn nach Abend sieht,
kommt der Wind aus Morgen.

Flimmernde Sterne
bringen Wind recht gerne.

Wenn kleiner Regen will,
macht großen Wind er still.

Dreht zweimal sich der Wetterhahn,
so zeigt er Sturm und Regen an.

Der Sturm bricht mehr Äste als Halme.

Wenn's Sturm gibt, schreien die Gimpel.

Einen Sturmwind hat man bald satt.

Die Hunde fressen Gras,
da wird es heut' noch naß.

Wenn die Sonne scheint sehr bleich,
ist die Luft an Regen reich.

Wenn es nach dem Neumond regnet, soll es einen ganzen Monat regnen.

Glaube nicht,
wenn's regnet vor deinem Stall,
es regnet überall.

Ein Tag Regen tränkt sieben dürre Wochen.

Alle Wolken regnen nicht.

Auf trübe Wetter folgt heiterer Himmel.

Wenn der Hahn kräht im Hühnerstall,
gibt's unter der Trauf' einen Wasserfall.

Wer sich unter das Laub stellt, wird zweimal naß.

Aus einer großen Wolke kommt oft nur ein kleiner Regen.

Wenn die Berge beregnet werden, so rauchen sie.

Alltäglicher Regen ist ungelegen,
zuweilen ein Regen ist ein Segen.

Der Regen fällt nicht aus den niedrigsten Wolken.

Morgenrot mit Regen droht.

Nebel, der sich steigend hält, bringt Regen, doch klar Wetter, wenn er fällt.

Starke Güsse sind nicht von Dauer.

Es regnet nicht aus jeder Wolke.

Besser ein ordentlicher Regen als stetes Tröpflein.

Wenn der Himmel gezupfter Wolle gleicht,
das schöne Wetter bald dem Regen weicht.

Frühe Regen und frühe Bettelleut'
warten nicht, bis es Zwölfe läut'.

Wenn die Sonne sticht,
der Bauer spricht:
Die Kühe beißen und brommen,
es wird ein Regen kommen.

Früher Sonnenschein
bringt abends Regen ein.

Wenn der Bäurin das Mus anbrinnt
und nachts unruhig sind die Kind,
bedeutet's Regen oder Wind.

Ein kleiner Regen macht nicht naß.

Wenn's nicht donnert und blitzt,
wenn der Schnitter nicht schwitzt
und der Regen dauert lang,
wird's dem Bauersmanne bang.

Es setzt oft einer sein Datum auf was, der Hagel erschlägt ihm aber die Hoffnung.

Schöpft die Sonne heute Wasser, so gießt sie morgen das Bad aus.

Steigt morgens der Nebel empor,
so steht Regen bevor.

Der stärkste Regen fängt mit Tropfen an.

Das gute Wetter reißt bald aus,
wenn früh rumort und pfeift die Maus,
wenn's Vöglein ängstlich heimwärts zieht
und flink ins Nestchen schlüpft,
wenn Kräh und Rabe krächzend fliegt,
die Henne im Sande wühlt, die Taube sich badet
und die Schwalbe über dem Wasser sich wiegt,
wenn der Esel im Grase sich dreht
und man an den Stichen der Mücken vergeht,
wenn die Spinne ihr Netz nicht weiter baut,
sich verkriecht und es mit dem Rücken anschaut.

Wenn den Hunden die Bäuche knurren,
sie viel Gras fressen und murren,
so bleibt der Regen
selten unterwegen.

Je mehr Regen, je mehr Dreck.

Wenn Filzläus' das Venusbürstlein jucken
und Schwalben auf dem Wasser zucken
und mit den Flügeln schlagen drein,
so muß nicht fern der Regen sein.

Wenn der Hund das Gras benagt
und die Frau ob Flöhe klagt,
wenn die Sonne bleich von Schein,
Frösche morgens Quäker sein,
die Magd sehr schläfrig sitzt im Haus,
der Rauch nicht will zum Schornstein raus,
so soll, wie man glaubt allgemein,
der Regen uns sehr nahe sein.

Die Katze sitzt am Ofen, es wird regnen.

Wenn die Katze sitzt am Feuer,
ist der Regen nicht geheuer.

Wenn der Esel die Ohren schüttelt, so wird ihm der Kopf gewaschen (vom Regen).

Wenn die Spinnen im Regen spinnen,
wird er nicht lange rinnen.

Die Sonne zieht Wasser, es gibt Regen.

Morgenrot fällt in Kot.

Wenn die Gänse stehen auf einem Fuß,
dann kommt ein Regenguß.

Wenn die Vögel putzen die Federn,
wollen sie den Regen ködern.

Wenn die Krähen schrein,
stellt sich Regen ein.

Wenn die Kröten fleißig laufen, wollen sie bald Regen.

Wenn die Gartenschnecken
kriechen auf Beeten und Wegen,
so folgt Gewitterregen.

Lassen die Frösche sich hören mit Knarren,
wirst du nicht lange auf Regen harren.

Wenn die Krähe sich auf die Mahd setzt, zeigt es schlechtes Wetter an.

Wenn die Schwalben
das Wasser im Flug berühren,
so ist Regen zu spüren.

Auf ein zerrissen Dach fliegen keine Tauben

Wenn die Hausfrau in Küche, Stall und Keller
und der Herr in Scheune und Feld,
so ist die Wirtschaft wohl bestellt.

Man muß aus der Scheune so zehren, daß das erste Korn das letzte trifft.

Wem die Schafe gut stehn
und die Weiber gut gehn
und die Bienen gut schwärmen
der darf sich nicht härmen.

Eine Hausfrau kann im Haushalt viel erwerben,
aber auch viel verderben.

Eine alte Magd
liegt dem Vater überm Halse
wie ein Wetter überm Dorfe.

Ein Düngerhaufen auf dem Hof
und die Tochter auf dem Stuhl
bringen gleichviel Nutzen.

Kleine Fädchen, fleißige Mädchen;
große Faden, faule Maden.

Meine Familie schläft, sagte der Bauer,
als er in den Schweinestall sah.

's Weibersterben ist kein Verderben,
aber's Rosseverrecken, das bringt Schrecken.

In jedem Bauernhaus findet man ein Nudelbrett und eine Ausrede.

Zwei Katzen und eine Maus,
zwei Weiber in einem Haus,
zwei Hunde an einem Bein
kommen selten überein.

Jede Bäuerin lobt ihre Kuh.

Die gute Hausfrau erkennt man an der Vorratskammer.

Die schönste Bauerntracht ist:
selbst gesponnen, selbst gemacht.

Kleine Küche, großer Speicher
macht die kleinen Bauern reicher.

Der Branntwein stürzt das Haus ein.

Wenn der Bauer zecht,
nimmt sich Zeit der Knecht,
guckt die Magd zum Fenster raus,
spielt die Katze mit der Maus.

Mancher hat um einen wüsten Garten
einen schönen Zaun.

Ist der Hausvater tot,
leiden Acker und Getreideboden Not.

Früh mit den Hühner zu Bette,
früh mit den Hähnen zur Wette.

Wenn des Nachbarn Haus brennt,
gilt's auch dem deinen.

Im Märzenschnee die Wäsche bleichen,
da müssen alle Flecken weichen.

Wer seine Böden voll Getreide haben will,
muß den Flegel walten lassen.

Wer will schnabeln, muß erst gabeln.

Nur dem wird die Kette vom Wagen gestohlen,
der zu faul ist, sie abends ins Haus zu holen.

Frisches Brot und grünes Holz
verwüsten ein Haus.

„Guten Obend!
Wir haben Scheiben geschlagen
Nach altem Brauch und Sitte,
Deshalb treten wir an die verehrte Meisterschaft
mit obigem Wunsch zur Bitte.
Denn nach alter Sage soll
Da, wo die Scheibn in der Gegend umherfliegen,
Der Bauer recht viel Getreide,
Obst und Kartoffel kriegen.
Und wir wünschen auch, daß Keller,
Speicher, Scheune übervoll,

Damit der Bauer der Bäurin manchen Sack Mehl bringen soll,
Damit die Bäurin kann laufen mit den Tränken,
Damit die Kühe ganze Kübel voll Milch spenden.
Das Schwein soll auch ein Freund
von großem Fressen sein,
Damit es wiegen soll als Schlachtbefund,
Fünf- bis sechshundert Pfund!
Und nun kommen wir von obigem Wunsch zur Bitte
Und bitten um ein kleines Stück Wurst,
Dreimal um den Ofen herum
Zum Fenster hinaus, zur Türe herein -
So ein gewaltiges Stück braucht's grad nicht zu sein!
Oder für ein Glas Wein
Werden wir auch sehr dankbar sein.
Oder etwas zu Rauchen,
Das können wir auch gebrauchen.
Oder Geld - denn Geld regiert die Welt!
Oder vielleicht einen Schinken -
Dann wollen wir gleich wieder weiterhinken.
Nun wünschen wir der verehrten Meisterschaft
Viel Glück und Segen in Haus und Hof und Stall.
Und auf allerwegen und zugleich auf Wiedersehen!
Denn wir wollen noch zum Nachbarn gehen."

alter Fastnachtsbrauch (Scheibenschlagen)

Wasser, Hagel und Bauen in einem Jahr ist zu streng.

Eigen Haus ist Himmel und Hölle.

Kurzes Holz ist der Bauern Stolz.

Kein Brot schmeckt besser,
als das man mit den Armen teilt.

Den Brunnen schätzt man erst,
wenn er kein Wasser mehr gibt.

Wie einer den Zaun hält,
so hält er auch das Gut.

Besser das Dach verloren als das Haus.

Besser unter gutem Dach
als beim Regen unter der Traufe.

Ein altes Dach ist schwer zu flicken.

Ein kleines Dach braucht keine große Rinne.

Man muß erst das eigene Dach decken, ehe man die faulen Schindeln auf des Nachbarn Dach zählt.

Vom Dach herab hat man leicht schimpfen.

Wer ein böses Dach hat, dem regnet's leicht in die Stube.

Wer ein gläsern Dach hat, fürchtet den Blitz nicht, aber den Hagel.

Diebe im Haus sind ärger als die Laus.

Es ist besser, ein Dieb weidet die Herde, als ein Hirt, der die Schafe schindet und frißt.

Wenn der Dieb im Hause ist, darf man ihn nicht draußen suchen.

Disteln, die man jung köpft, sterben im Alter nicht.

Distel gehören in keinen Kranz.

Disteln wachsen schneller als Rosen.

Eine Distel frißt mehr als zehn Weizenhalme.

Mit einem kleinen Beil kann man einen großen Baum umhauen.

Wer ein schartig Beil hat, der verdirbt alles, was er damit behaut.

An den Dornen bleibt viel Wolle hängen.

Wer das Alte nicht flickt und das Neue nicht überblickt, wird bald von Noth gezwickt.

Abgeschlagene Beeren geben wenig Öl.

Gesunde Beeren haben schlechte Früchte zu Nachbarn.

Ein Faß läuft durch ein Loch ebensogut aus wie durch sechs Löcher.

Ein Faß ohne Reif fällt auseinander.

Gute Bäume haben immer Früchte und Blüten.

Hohe Bäume trifft der Blitz.

Es wachsen nicht alle Bäume gerade.

Wenn der Baum zu früh blüht, erfriert die Blüte.

Wer den Baum liebt, liebt auch den Ast.

Ein Alter, der noch tanzen will, macht dem Teufel ein Freudenspiel.

Wie das Garn, so das Hemde.

Den Garten muß man warten.

Mancher hat um einen wüsten Garten einen schönen Zaun.

Schlechter Flachs ist nicht zu spinnen.

Grober Flachs gibt kein feines Linnen.

Der Flachs dringt durch die Schuhsohle.

Soll der Flachs gut werden, so muß die Saat, eh' die Sonne steigt, in die Erden.

Am Ferkel wird oft gerochen,was die Sau verbrochen.

Ein reines Ferkel wird selten fett.

Man kann eher ein Ferkel am eingeseiften Schwanz halten als einen Juristen am Jus.

Man muß das Ferkel nicht in der Tasche kaufen.

Wo man die Fenster nicht gut verwahrt, steigen leicht Diebe ein.

Wenn man ein Ferkel anrührt, so schreit es.

Jede Esse hat ihren Rauch.

Wer die Esse scheuert, macht sich schwarz.

Man muß die Stalltür so groß machen, daß das Vieh hinein kann.

Jeden Tag a Unschlittströpfle, gibt im Jahr a silbern Knöpfle.

Eine gute Wirtin springt um eine Feder über neun Zäune.

Wenn die Kuh groß wird, so wird der Stall klein.

Wenn die Kuh das Maul nach oben hält im Lauf, so ziehen Gewitter auf.

Kurze Zweige, lange Trauben.

Wenn die Zweige verdorren, verdorrt auch der Stamm.

Nicht aus jeder Zwiebel wächst eine Tulpe.

Die Zwiebel heilt sieben Krankheiten, und der Knoblauch erzeugt sieben.

Den Hafer soll man einkleiben, die Gerste einstäuben.

Der Hafer zeugt, der Wein geht.

In der Haferernte darf man nicht länger am Halftrunk essen, als man auf einem spitzen Eggenzahn sitzen kann.

Haferkörner und angefressene Erbsen finden sich leicht zusammen.

Hat die Stute eine weiße Stirn, so hat das Füllen eine Blässe.

Die graue Stute ist das beste Pferd.

Der Stute ist ein Hengst lieber als zehn Stiere.

Es ist gutes Stroh, aus dem Bier und Brot wächst.

Immer brav Stroh in der Scheuer, dann ist Speck und Brot nicht teuer.

Man verwahrt den Stall zu spät, wenn die Kuh fort ist.

Wer mit Stroh feuert, hat den Rauch zum besten.

Wenn die Strohdächer nach dem Gewitter dampfen, so gibt es noch mehr Regen.

Der Kirschbaum sorgt nicht, wenn er auch im Winter einmal kalt steht.

Blumen im Korn gibt es sieben Wochen und wer gut rechnet, findet ihrer zwei Monate.

Bunte Blumen riechen nicht.

Jede Blume muß den Bienen zu ihrem Honig dienen.

Blutegel lieben den Schwamm.

Viel Blätter, wenig Trauben.

Alte Besen kratzen mehr, als sie fegen.

Ein neuer Besen geht über alles.

Ein rechter Besen fegt auch die Esse recht.

Besser die Kuh melken als schlachten.

Besser eigen Brot als fremder Braten.

Gegen den Berg ist der Wagen schwer.

Wer will auf des Berges Rücken, der muß sich bücken.

Vieh wie Stall, Gurr wie Gaul, Mann wie Roß, Deckel wie Hafen, Maul wie Salat.

Wenn das Vieh die Herbstweide rein abätzen kann, wird der Heuboden vor dem Sommer ebenso rein werden.

Besser Vorsorge als Nachsorge.

Gutes Weinjahr ist gut Tabakjahr.

Auf einem neuen Dache wächst kein Moos.

Der schlesische Bergbewohner wirft einen Stein nach der Kuh, der mehr wert ist als die Kuh.

Bergab werden mehr Hasen geschossen als bergauf.

Bergan legt nur ein Narr den Hemmschuh an.

Manches Haus zeigt,
wie man kein Geld an ihm gespart,
sondern nur Verstand.

Stiehlt der Knecht, so zahlt der Bauer.

Borgen macht Sorgen:
drum muß man nicht mehr verzehren,
als der Pflug kann ernähren.

Kriech nicht unters Scheunendach,
wenn deine Tenne schwankt.

Das ist ein böser Gärtner,
der den Kohl mit der Wurzel herausreißt.

Kein Müller hat Wasser
und kein Schäfer Weide genug.

Altes Land bessere und neuers erringe,
Ausgaben und Einnahmen zu Buche bringe.

Man muß den Brunnen so tief graben,
bis er Wasser gibt.

Unter einem schlechten Strohdach
leidet das ganze Gebäude.

Wer kein Brot hat,
soll das Hemde nicht mit Spitzen besetzen.

Jede Spinnstube erzählt andre Geschichten.

Ohne vier B gibt's im Hause viel Not:
ohne Bett, Börse, Butter, Brot.

Der Hahn ist der Herr auf seinem Mist.

Man muß so bauen,
daß man sich nicht aus dem Haus hinausbaut.

Je weißer das Roß,
je mehr sieht man den Schmutz.

Wer seinen Garten verkauft,
kann nicht mehr darin krauten.

Bauen kann nur der Habich
und nicht der Hättich.

Im Dorf mit stolzem Stock,
zu Hause unterm Rock.

Borgen stumpft der Wirtschaft die Spitze ab.

Je mehr man aus einem Brunnen schöpfet,
je reichlicher er quillet.

Ohne Arbeit und Mühe
baut man kein Haus
und melkt man keine Kühe.

Jeder Gärtner lobt seinen Kohl.

Mit dem Futter von gestern geht das Pferd,
mit dem Futter von heute ist's nichts wert.

Ohne Futter bleibt das beste Pferd stehen.

Fohlen und junge Burschen
brauchen einen kurzen Zaum.

Es sind nicht alle schönen Äpfel gut.

Goldene Äpfel wachsen nicht am Weg.

Jeder Apfel hat seinen Wurm.

Kein Apfel schmeckt besser,
als der vom verbotenen Baume.

Man kann keinen faulen Apfel in einen Haufen werfen, ohne einen Junker an den Schädel zu treffen.

Man muß die Äpfel nicht pflücken ehe sie reif sind.

Wie der Apfelbaum so sind die Äpfel.

Ein abgehauener Ast bleibt auch im frischen Wasser nicht lange grün.

Ein Ast, der über sich sieht, hat nicht viele Äpfel.

Ein krummer Ast gibt so gute Kohlen als ein gerader.

Ein schlechter Ast ist eines Baumes Last.

Kleine Äste geben auch Feuer.

Man muß den Ast biegen, weil er jung ist.

Wegen eines dürren Astes läßt man den Baum nicht umhauen.

Aus einem Birnbaum kann man nicht Milch melken.

Die Birne möcht' er wohl, aber auf den Baum will er nicht.

Dreckige Birnen haben beschissene Stiele.

Eine Birne fault auf der anderen.

Es ist ein guter Brunnen, der stets klares Wasser gibt.

Es ist ein schlechter Brunnen, der keinen Durst löscht.

In tiefen Brunnen fehlt es nicht an Wasser.

Wenn der Brunnen trübe geworden ist, muß man warten, bis er sich geläutert hat.

Sommerroggen ist eine gute Frucht, wer es nur mit ihm versucht.

Sommerroggen und Ziegenmist lassen den Bauern wie er ist.

Man kann von einer Färse nicht so viel verlangen als von einer Kuh.

Aus alten Eichen läßt sich viel Holz schlagen.

Eine große Eiche trägt kleine Früchte.

Eine Eiche wächst langsam, hält aber manchen Sturm aus.

Eine gute Eiche wächst durch alles Gestrüpp.

Wer aufs Eis will bauen, darf keine Küchen ins Haus machen.

Im großen Euter einer Kuh ist oft wenig Milch.

Je kleiner der Euter, je weniger Heu.

Ein sorgfältiger Hauswirt
hat alt Heu, Korn und Holz.

Besser ein Stück Brot in der Tasche
als ein Sträußchen auf dem Hute.

Der Verschwender
breitet das Geld aus wie Mist,
der Geizige sammelt den Mist wie Geld.

Bis zur Ernte eigen Brot, da hat's nicht Not.

Lieber die alten Kleider flicken
als neue borgen.

Lieber ohne Abendbrot zu Bette gehn
als mit Schulden aufstehn.

Es ist kein Gold so rot,
man gibt es weg für Brot.

Ein reicher Bauer kennt seine Verwandten nicht.

Wer ein Haus hat, hat Sorgen,
er kein Geld hat, muß borgen.

Der eine pflanzt den Baum,
der andre ißt die Pflaum'.

Eine Birne und eine Frau,
die viel Geräusch machen,
sind nicht viel wert.

Einen Baum mit reifen Früchten
darf man nur leise schütteln.

Auch ein frischer Apfel fault,
wenn er unter faules Obst fällt.

Ein Apfelbaum wächst nicht in drei Tagen.

Der schönste Apfel hat oft einen Wurm.

Nach gelben Birnen und braunen Nüssen
fällt sich einer den Hals ab.

Wer die Bienen pflegt,
dem schwärmen sie zweimal.

Wer keine Bienen hat, muß selber schwärmen.

Wo Bienen sind, da ist auch Honig.

Mancher hat Bienen und kauft Wachs.

Alte Bienen geben wenig Honig.

Je mehr du die Bienen von dir schlägst,
desto wilder stechen sie.

Was der Biene schadet, schadet auch dem Stocke.

Ehret die Biene, aber vertilget die Wespe.

Die schlechtesten Beeren sind es nicht,
an denen die Wespen nagen.

Die Biene hat nichts Süßeres als den Honig.

Die Bienen sammeln den Honig nicht für sich.

Der Honig ist nicht weit vom Stachel.

Eine Biene hat soviel Wert wie hundert Fliegen.

Die besten Birnen
werden von den Wespen angebissen.

Schafe und Bienen haben im April ihr Leid.

Bienen und Schafe
ernähren den Mann im Schlafe.

Mit Schafen und Bienen kann man leichter verlieren als verdienen.

Die Biene ist ein kleiner Vogel, aber sie hat einen scharfen Stachel.

Die Bienen geben nicht nur Wachs,
sondern auch Honig.

Die Bienen können das Fluchen nicht leiden.

Die kleine Biene sticht heftiger als die große Hummel.

Nicht jede Biene sticht, die uns um die Ohren summt.

Tote Bienen machen keinen Honig.

Wenn die Biene Honig gewinnt, die Spinne nur eigenem Fraß nachsinnt.

Wenn die Biene zu viel Honig nimmt, kommt sie nicht in die Zelle.

Wer sich zu den Bienen hält, soll auch Honig geben.

Woraus die Biene Honig saugt, saugt die Spinne Gift.

Ein Bienenschwarm im Mai ist wie ein Fuder Heu, aber ein Schwarm im Juni, der lohnet kaum der Müh.

Der Balg ist das Beste am Fuchse.

Je dicker Balg, je zäher Fleisch.

Ein guter Hirt schiert die Schafe,
aber schindet sie nicht.

Der Hirt muß wachen,
wenn auch die Herde schläft.

Je mehr Hirten, je weniger gehütet.

Bei viel Hirten wird übel geweidet.

Des Hirten Not ist der Schafe Tod.

Gute Hirten gehen überall voran.

Der Hirt ist not wegen der Schafe,
aber nicht die Schafe wegen des Hirten.

Faule Schäfer haben gute Hunde.

Böse Schäfer lieben bissige Hunde.

Böse Hirten verderben die Herde.

Böse Schäfer machen fette Wölfe.

Wer den Schäfern den Lohn schmälert,
der kürzt den Schafen die Wolle.

Es ist um die Schafe geschehen,
wenn der Hirt ein Wolf ist.

Wo ist ein reudig Schaf im Stall,
da werden reudig all'.

Schafe aus einem Stall kennen sich.

Wo die Schafe sind, da muß auch jemand sein,
der sie schiert.

Der Schafmist geht über den Segen Gottes.

Schafe zu stechen,
braucht die Biene lange Stachel.

Die geschorenen Schafe
soll der Schäfer im Hemd austreiben.

An einem nackten Schafe ist nichts abzuscheren.

Die nur ein Schaf haben,
reden am meisten vom Wollmarkt.

Das Schaf kann nur die Wolle geben, die es hat.

Das Schaf, so am meisten blökt,
gibt die wenigste Milch.

Man muß die Schafe nicht bloß zählen,
man muß sie auch hüten.

Wenn sich der Schäfer verirrt,
dann sind die Schafe verloren.

Auch die Schafe empfinden's,
wenn der Schäfer ein böses Jahr hat.

Wenn das Schaf blökt und wiehert der Gaul,
so fällt ihnen das Futter aus dem Maul.

Hüte die Schafe,
auch wenn du den Wolf nicht siehst.

Wenn man die Schafe schert,
so zittern die Lämmer.

Das Schaf verlangt Wolle von Ziegen.

Schlafendem Wolf läuft kein Schaf ins Maul.

Der Schafe Zahl macht den Wolf nicht verlegen.

Ein Schaf, das man dem Wolf abgejagt hat,
gibt mürbes Fleisch.

Ein Schaf, das geht allein,
wird bald des Wolfes Beute sein.

Ein Schaf auf dem Berge
hält die Ochsen unten für Zwerge.

Die gezählten Schafe werden auch gestohlen.

Ein gutmütig Schaf
wird von allen Ländern gesogen.

Wenn die Sau eine Pfütze hat,
dann sucht sie keine Quelle.

Eine volle Sau weiß nicht,
wie es einer hungrigen zumute ist.

Wo die Borsten am längsten sind,
da liegt der wenigste Speck.

Der faulsten Sau die größte Winkelwurst!

Eine fette Sau ist besser als ein fettes Pferd.

Die Sau ist gern im Drecke,
der Ochse begnügt sich mit Stroh.

Eine alte Sau kann ebensogut eine Eichel finden
wie ein junger Eber.

Was hilft dem Mastschwein dicker Speck?

Vor den Säuen
soll man nicht die Borsten des Kehrbesens loben.

Säue riechen bald, was stinkt.

Die Sau wird gekrault, bis sie liegt,
dann gibt man ihr den Stich.

Aus einem krummen Sauschwanz wird kein Jägerhorn.

Die Sau muß ihre guten Tage
mit der Haut bezahlen.

Es ist keine Sau so schmutzig,
sie finden einen Eber, der sie küßt.

Wenn die Sau satt ist, wirft sie den Trog um.

Eine blinde Sau findet wohl auch eine Eichel.

Geborgtes Schwein gibt fette Weihnachten
und magere Ostern.

Eine hungrige Sau kommt ungerufen zum Troge.

Wie die Sau grunzt,
so grunzt auch das Ferkel.

Säue fressen die Eicheln
und sehen immer nach dem Baum,
da sie herunterfallen.

Jede Sau nennt ihre Ferkel schön.

Eine langsame Sau
kriegt nie einen warmen Bissen.

Der Sau ist im Kot am wohlsten.

Man braucht die Sau nicht zu scheren,
weil man sie brühen und sengen kann.

Die Säue wühlen im Dreck,
geben aber dennoch guten Speck.

Ist die Henne mein,
so gehören mir auch die Eier.

Aus einem faulen Ei kriecht kein Küchlein.

Bös' Ei, bös' Küchlein.

Laß die Henne gackern,
wenn sie nur jeden Tag legt.

Wo kein Hahn ist, da kräht die älteste Henne.

Dasselbe Wasser macht Hühner weich
und Eier hart.

Wenn man der Henne die Hand verschließt,
so verschließt sie den Arsch.

Verkaufe kein Ei, bevor es im Nest liegt.

Ein Eierkuchen
kostet viele Hühner das Leben.

Man muß nicht zu viele Eier
unter eine Henne legen.

Wer Eier will, darf die Hühner nicht braten.

Schlachtet der Bauer ein Huhn,
so ist das Huhn krank oder der Bauer.

Eier in der Pfanne, das gibt wohl Kuchen,
aber keine Küken.

Kühe kann niemand betrügen,
sie geben, was sie kriegen.

Wenn's nicht buttern will, hilft's wenig,
wenn man die Kuh prügelt.

Des die Kuh ist, der nehme sie beim Schwanz.

Man muß der Kalbzeit ihr Recht lassen.

Der Magd Sonntag ist der Kuh stiller Freitag.

Ein Kalb darf kein Kalb bleiben.

Den Ochsen hält man bei den Hörnern,
den Mann beim Wort, die Frau beim Rock.

Bunte Bullen - bunte Kälber.

Ein braver Stier im Zorn,
nimmt dich schnell aufs Korn.

Wer den Bock an den Hörnern hält,
dem folgen die Geißen.

Gib der Ziege einen Schwanz,
und sie schlägt dir jeden Hans.

Zwei Böcke vertragen sich nicht in einem Stall.

Wer die Geiß anbindet, der muß sie auch hüten.

Alte Böcke haben harte Hörner.

Alte Böcke lecken auch gern Salz.

Der Bock bleibt nicht ohne Bart.

Der Bock ist aus dem Haus, aber der Gestank ist darin geblieben.

Der Bock will aus dem Garten nicht, der Hund will von der Schwarte nicht.

Man darf den Bock nicht in den Garten führen, er steigt wohl selbst hinein.

Man muß den Bock nicht auf die Haferkiste setzen.

Wenn der Bock die Ziege sieht, so weiß er, was er will.

Wenn zwei Böcke einander stoßen, so liest der dritte die Wolle auf.

Wer den Bock an den Hörnern hält,
dem folgen die Geißen.

Fütterst du den Hund nicht gut,
fütterst du des Wolfes Brut.

Ein hungriger Hund fürchtet den Stock nicht.

Je fetter der Floh, desto magerer der Hund.

Hofhunde werden gefüttert, daß sie bellen.

Wenn die alten Hunde bellen,
so soll man hinaussehen.

Zwei Hund und ein Knochen
da ist nichts mehr zu kochen.

Gib dem Hunde,
sooft er mit dem Schwanz wedelt,
und dem Kinde, was es will,
so wirst du einen guten Hund
und ein böses Kind haben.

Es ist keine Zeit, die Hunde zu füttern,
wenn der Wolf Hunger hat.

Ist auch nichts mehr an dem Bein,
der Hund will es haben allein.

Hunde, die bellen,
bringt man mit einem guten Bissen
zum Schweigen.

Der Hund frißt wieder, was er gespien hat.

Hunde, die einen Braten gerochen haben,
wollen ihn auch gern belecken.

Schlafende Hunde soll man nicht wecken.

Hunde bellen nicht,
wenn Hausfreunde kommen.

Wer fremden Hund anbindet,
gewinnt nichts als den Strick.

Wer ohne Hund jagt, kommt ohne Hasen heim.

Viele Hunde sind des Hasen Tod.

Wo der Hund bellt, da mag er auch fressen.

Eilte der Hund nicht,
so würde er nicht blinde Jungen gebären.

Wer einen Hund an eine Wurst bindet,
der behält sie nicht.

Einem hungrigen Hund
darf man nicht die Schlüssel
zur Speisekammer geben.

Der Hund frißt kein Heu und will nicht,
daß andere davon essen.

Alter Hund ist schwer bändig zu machen.

Man muß die Ernte nicht schon verkaufen,
wenn die Saat erst schoßt.

Mit Säckevoll soll man einnehmen,
mit Handvoll ausgeben,
denn das Jahr hat ein großes Maul.

Wenn der Bauer durchs Feld spaziert,
dann sein Weizen mit Unkraut geziert.

Sonnenscheu und ofenwarm
macht den reichsten Bauern arm.

Auf ein zerrissen Dach fliegen keine Tauben.

Dem, der Bienen hat,
muß man nicht Honig schenken.

Kaufe deines Nachbarn Rind
und freie sein Kind.

Ein Tag ernährt oft ein ganzes Jahr,
drum muß man vorsorgen.

Willst du beim Bau nicht weinen,
bau nur mit eignen Steinen.

Es ist leichter, ein Dorf zu vertun,
als ein Haus zu gewinnen.

Den klugen Landwirt
erkennt man an den Wasserfurchen.

Der Bauer verliert lieber seine rote Nase
als seinen roten Kreuzer.

Eines weisen Mannes Ernte
dauert das ganze Jahr.

Eine Kornähre ist mehr wert als zehn Rosen.

Leibgedinge ist der Frauen Lohn

Bauernregel
3. Dezember 1807

Im Sommer such' ein Liebchen dir
In Garten und Gefild!
Da sind die Tage lang genug,
Da sind die Nächte mild.

Im Winter muß der süße Bund
Schon fest geschlossen sein,
So darfst nicht lange stehn im Schnee
Bei kaltem Mondenschein.

Ludwig Uhland

Man lernt mehr, wo die Liebe lehrt,
als wo der Stock regiert.

Leibgedinge ist der Frauen Lohn.

Wenn Beischlafen bräch' ein Bein,
würde manche Jungfrau hinkend sein.

Ein Bauer bekommt leichter eine Frau als eine Kuh.

Der Ehestand ist ein Hühnerhaus,
der eine will hinein,
der andere heraus.

Hüte dich vor dem Hinterteil des Pferdes
und dem Vorderteil der Frau.

Ein Alter, so ein jung Weib heiratet,
lädt den Tod zu Gast.

Ein Strohkopf fängt gern Feuer.

Was soll ein Mägdlein hübsch und zart
einem großen dicken Bauern hart?
Einem Bauern gehört eine Bäuerin stark,
die ihm macht Butter und Quark.

Junger Klee lockt junges Volk.

Mit Äuglein und Wangen
werden Burschen gefangen.

Anderes Dorf - andere Schönheiten.

Es ist schlimmer,
ein böses Weib zu reizen
als einen bissigen Hund.

Zwei Dingen nimmer trau:
dem Gras im Februar
und einer geschminkten Frau.

Weiber geben alte Räte.

Wer einen Aal nimmt beim Schwanz
und eine Frau beim Wort,
der bringt wenig fort.

Geschminkte Frauen und geschäfelter Himmel
sind nicht von langer Dauer.

Hüte dich vor Hund und Katzenart
und einer Frau mit einem Bart.

Not lehrt alte Weiber springen.

Drei Dinge verderben das Bauernhaus:
böses Weib, Wanz und Maus.

Wo Keuschheit ein Vorwurf ist,
ist Ehebruch keine Schande.

Eine gute Hausfrau mehrt das Haus,
die schlechte trägt's zur Türe raus.

Eine Frau ohne Schleier
ist ein Zaun ohne Dornen.

Wer sich cinc Frau
mit Geld aus der Ferne zugesellt,
wird betrogen oder geprellt.

Ein Alter dient zum Heiraten wie der Winter zur Ernte.

Das Auge der Frau macht die Wäsche rein.

Das Auge des Weibes ist ein Feuerspiegel.

Lösche das Licht aus, so sind alle Weiber gleich.

Aus einem verfluchten Bauch kommt kein gesegnet Kind.

Einen Busch voll Hasen hüten ist leichter als eine Frau.

Das ist nicht die schönste Braut, die am meisten geputzt.

Der glücklichen Braut fällt der Regen in den Schoß.

Die Braut stirbt oft, eh' sie der Bräutigam zur Kirche führt.

Jeder küßt die Braut auf seine Weise.

Reiche Bräute gehen jung zur Kirche.

Wenn die Braut nicht will, so ist übel tanzen.

Wenn du eine Braut hast, so mache dich bald zur Hochzeit.

Eine Braut ist ein angeschnittener Käse, man merkt's nicht, wenn etwas abgenommen.

Besser ein alter Mann und ein junges Weib, als ein altes Weib und ein junger Gesell zum Zeitvertreib.

Beschlafen ist gut, aber man muß sich nicht mit der Bettlade fangen lassen.

Wo eine Kloppe im Haus ist, sitzt der Teufel im Schornstein.

Besser ein bös Weib als ein faules.

An einer Frau und an einer Mühle gibt's immer was zu basteln und zu flicken.

Auch eine fromme Frau zeucht wohl ein Hürlein.

Bei junger Frau und altem Wein ist es gut fröhlich sein.

Bescheidene Frauen haben an den Ohren noch Augen.

Alte Frau - Liebe lau.

Der Frauen Tod und der Schafe Leben macht die Männer reich.

Der Frauen Zunge geht wie ein Lämmerschwänzchen.

Die Frau betrügt den Mann und hätte er so viel Augen als ein Ährensieb.

Die Frau hat ihre Waffen bei sich.

Die Frauen und Katzen sterben nur, wenn man sie auf die Nase schlägt.

Frauen und Öfen müssen daheim bleiben.

Frauen und Mönche tun nicht gut auf der Straße.

Frauen und Melonen sind schwer zu erkennen.

Frauen und Leinwand muß man nicht beim Licht besehen.

Frauengunst und Aprilwetter sind veränderlich.

Frauentreu ist heute frisch und morgen Heu.

Besser frei in der Fremde, als daheim ein Knecht.

Freien und Backen gerät nicht immer.

Sommersaat und Weiberrat geraten alle sieben Jahre einmal.

Das Weib soll hausen,
Die Katz soll mausen,
Der Mann soll zehren,
Das Weib soll ihm nicht wehren.

Eine harte Nuß, ein stumpfer Zahn,
Ein junges Weib, ein alter Mann,
Zusammen sich nicht reimet wohl,
Ein jedes seinesgleichen nehmen soll.

Ein reines Bett, ein schönes Weib,
Erfreut dem Mann das Herz im Leib.

Gottes Allmacht und Weiber List
Gar nicht zu ergründen ist.

Die Frauen gleichen dem April:
Bald stürmen sie, bald sind sie still.
Wer Heu genug im Stalle hat,
Dem wird die Kuh nicht mager,
Und wer eine schöne Schwester hat,
Der bekommt bald einen Schwager.

Alte Taler, junge Weiber,
sind die besten Zeitvertreiber.

Ein Weib, einen Esel und eine Nuß,
Diese drei man klopfen muß.

Besser mit einem Wolfe streiten als mit einem erbosten Weib.

Bei Fischen und Weibern ist der Bauch das beste.

Kein Flachs ohne Werch, kein Weib ohne Laster.

Ein durchstampftes Fell ist weicher und eine durchstampfte Ehefrau stiller.

Gang mer weg von meim Lädle,
Gang mer weg von meim Bett,
Du könntest mir was macha
Des Händ' und Füß hätt.

Zwei Berg und zwei Tal
Zwei Rössle im Stall
Zwei Liebe im Bett
Aber kussa derf ma net.

Es ist keine Kunst, den Kalender zu machen, wenn's Jahr vorbei ist

Januar muß vor Kälte knacken, wenn die Ernte soll gut sacken.

Ist der Januar hell und weiß, wird der Sommer sicher heiß.

Reichlich Schnee im Januar, machet Dung fürs ganze Jahr.

Wenn Gras wächst im Januar, wächst es schlecht das ganze Jahr.

Tanzen im Januar die Mucken, muß der Bauer nach dem Futter gucken.

Nach Dreikönigstag wächst der Tag je um einen Hahnenschritt.

Fabian Sebastian* fängt der richtige Winter an.
* 20. Januar

Fabian Sebastian nimmt der Tauber die Taube an.

Wenn die Bäume klopft der Bästel, steigt der Saft in die Ästel.

Sankt Paulus* schön mit Sonnenschein
füllt Speicher und Keller mit Frucht und Wein.
* 25. Januar

An Pauli Bekehr dreht sich der Frosch um.

Pauli Bekehr dich, halb Winter scher dich.

Wenn die Bauern Eis scheißen, muß es kalt sein.

Wenn im Februar die Stürme fackeln,
daß den Ochsen die Hörner wackeln,
das haben die Bauern von Bern sehr gern.

Wenn im Februar fette Vögel gefangen werden, so kommt noch viel Kälte gegangen.

Wenn im Februar liegt die Katz in der Sonne, so kriecht sie im März wieder in die Tonne.

Februar mit Kot bringt Krankheit und Not.

Im Februar brütet die weiße Gans ein gut Jahr.

Ist der Februar sehr warm, friert man zu Ostern bis in den Darm.

Fastnachtsfrost holt sich die alte Mähre zur Kost.

Fastnachtsschnee tut der Saat weh.

Gibt es an Fastnacht viel Sterne, legen die Hennen gerne.

Grüne Fastnacht, weiße Ostern.

Wenn die Sonne an Fastnacht scheint, so behalte, Bauer, den Lein im Sack.

Der Februar hat seine Mucken,
baut von Eis oft feste Brucken.
Doch baut der Februar auch manche Brück',
der März bricht ihnen das Genick.

Wenn im Februar die Mücken schwärmen, muß man im März die Ohren wärmen.

Fällt auf Lichtmeß* Sonnenschein,
wird der Flachs sehr lang und fein.
* 2. Februar

Haben's die Gänse zu Lichtmeß naß,
so haben die Schafe zu Marien Gras.

Gibt's an Lichtmeß Sonnenschein,
wird's ein spätes Frühjahr sein.

Auf Mariä Lichtmeß
haben wir den Winter geweß.

Auf Lichtmeß
hat der Bauer lieber den Wolf im Stall
als die Sonne.

Wenn der Dachs sich sonnt in der Lichtmeßwoche, geht er auf vier Wochen wieder zu Loche.

Wenn der Dachs zu Mariä Lichtmeß seinen Schatten sieht, verkriecht er sich wieder.

Die heilige Dorothee* bringt den meisten Schnee.
* 6. Februar

An Sankt Valentin* friert's Rad samt Mühle in.
* 14. Februar

Mattheis* bricht das Eis, find er keins, macht er eins.
* 24. Februar

Wenn neues Eis Mattthias bringt, so friert's noch vierzig Tage.

Wenn Matthias kommt herbei, legt die Gans das erste Ei.

Staubiger März bringt viel Roggen und Weizen.

Auf einen freundlichen März folgt ein freundlicher April.

Brau' nur im März gut Bier, mein lieber Brauer, es ist gesund und wird nicht sauer.

Der arge März hat ein böses Herz, alte Weiber schlägt er auf den Perz und läßt den Bauern greifen nach dem Sterz.

Der März soll kommen wie ein Wolf und gehen wie ein Lamm.

Der März zu Anfang oder zu End' seine Gifte send't.

Ein grüner März bringt selten etwas Gutes.

Ein trockener März und ein nasser April ist der Bauern Will'.

Hat der März viel Wind und der April viel Regen, so folgt ein schöner Mai zum Segen.

Heitrer März erfreut des Landmanns Herz.

Im März soll es kalt sein, daß es dem Raben seine Eier ausfriert.

Im März viel Nebel, viel Gewitter im Sommer.

Im Märzen spart man Kerzen.

März grün, Jungfrau kühn.

März nicht zu trocken und zu naß, füllt den Bauern Kisten und Faß.

März spricht zum Februar, würde mir soviel Macht wie dir gebühren, macht' ich das Kalb in der Kuh erfrieren.

März trocken, April naß, Mai kühl, gibt in Scheuern, Kellern, Schoppen viel.

Nasser März ist Bauern Schmerz.

Sind März und April zu trocken und licht, so gerät das Futter nicht.

So viel im Märzen die Neben steigen, so viel im Sommer sich Wetter zeigen.

Was der März nicht will, frißt der April.

Wenn draußen stürmet der März, blüht drinnen das Herz.

Wenn im März der Kuckuck schreit, der Storch klappert und die wilde Gans zieht ins Land, so gibt's einen Frühling im Hochzeitsband.

Wenn im März ist Mückenspiel, so sterben der Schafe viel.

Wenn's donnert in den März hinein, wird der Roggen gut gedeihn.

Wer im März keine Strümpfe hat, muß barfuß gehen.

Wie der März, so ist der ganze Sommer.

Lang Schnee im März bricht dem Korn das Herz.

Jedes Lot Märzenstaub ist einen Dukaten wert.

März trocken, April naß,
Mai lustig, von beiden was,
bringt Korn in 'n Sack und Wein ins Faß.

Ammer und Haubenlerche singen,
daß der Winter hinterm Berge.

Blüte schnell und ohne Regen
verspricht beim Obste großen Segen.

Wer seinen Mist will verscherz', der muß fahren im März.

Wenn's donnert in den März hinein, wird der Roggen gut gedeihn.

Märzenregen bringt keinen Segen.

Wenn Gregor* fällt, heißt's die Saat bestellt.
* 12. März

Am Gregorstag schwimmt das Eis ins Meer.

Im langen Christoph* wächst der Flachs lang.
* 13. März

Wer Christoph säet Lein, erntet lange Stengel ein.

Gertrud* ist die erste Gärtnerin.
* 17. März

Sankt Gertrud führt die Kuh zum Kraut,
die Bienen zum Flug und die Pferde zum Zug.

Sankt Gertrud tut die Erde von unten auf.

Gertrud bringt die Störche her,
Bartholomäus* macht ihre Nester wieder leer.
* 24. August

Mariä Verkündigung* bringt die Schwalben wieder.
* 25. März

Mariä Verkündigung bläst das Licht aus,
Sankt Michel* zündet es wieder an.
* 29. September

Trauert im Frühjahr das Feld, so lacht im Herbst die Scheune.

Wem's im Frühjahr einmal drei Tage Dukaten regnete, der würde einen Sommer hindurch reich sein.

Der Frühling kommt nicht, bis der Mönch aus dem Faß ist.

Es liegt nicht am Frühling allein, daß die Bäume ausschlagen.

Im Frühling nisten die Vögel.

Jeder Frühling bringt neue Lieder.

Wer im Frühling die Bäume abhaut, kann im Herbst kein Obst davon brechen.

Wer im Frühling Kerne legt, hat im Winter Bäume.

Wer im Frühling lebt, soll nicht den Winter wünschen.

Frühlingsregen bringt Segen.

Wenn die Veilchen blühen, können die Äpfel noch nicht reif sein.

Lenz kühl und naß
füllt Scheuer und Faß.

Gibt's im Frühjahr viel Frösche,
so geraten die Erbsen.

Lerchen und Rosen bringen des Frühlings Kosen.

Die Lerche verkündet den Frühling.

Der Frühling erneut,
Der Sommer erfreut,
Der Herbst wird geben,
Im Winter zu leben.

Wer im Frühjahr nicht säet,
wird im Spätjahr nicht ernten.

Kein Frühling ohne Winter.

Der Bauer beim Pfluge, die Bachstelz' im Fluge, der Frosch im Trocknen, verspricht ein fruchtbar Jahr.

Im Lenz wird der Bauer ein Bauherr.

Höhenrauch braun und dick
bricht dem Winter das Genick.

Im Lenze Sonnenfinsternis
gibt wenig Korn, doch Wein gewiß.

Aprilschnee ist so gut wie Schafmist.

Wenn der April bläst in sein Horn, steht es gut um Heu und Korn.

Nasser April – blumiger Mai.

Je früher im April der Schlehdorn blüht, desto eher vor Jacobi die Ernte glüht.

April und Weiberwill ändern sich sehr bald und viel.

April weiß nicht, was er will.

Wenn der April Spektakel macht,
gibt's Heu und Korn in voller Pracht.

Dürrer April ist nicht des Bauern Will'.

Der April macht die Blumen,
und der Mai hat den Dank dafür.

April und Mai
sind die Schlüssel zum ganzen Jahr.

April hat sin egen Will.

April ist bos, darum gehe nicht bloß.

April tut, was er will.

Der April kommt wie ein Reh, befreit das Wasser vom Eise und das Land vom Schnee.

Ist der April auch noch so gut, er schneit dem Bauer auf den Hut.

Kalter April bringt Brot und Wein viel.

Schnee im April mag kommen wann er will.

Später Schnee macht dem Bauern angst und weh.

Wer im April zum Esel wird geboren, dem wachsen auch im Mai noch die Ohren.

Am ersten April schickt man die Narren wohin man will.

April frißt Lämmer viel.

Wer reine Ferkel finden will, der such' am ersten April.

Wenn vor Georgi* Regen fehlt, wird man nachher damit gequält.
* 23. April

Soviel Tage vor Georgi der Frosch schreit, soviel muß er danach schweigen.

Wenn am Georgstag die Sonne scheint, werden viele Äpfel.

Wenn um Georgi sich ein Rabe im Roggen verbergen kann, deutet's auf ein gutes Jahr.

Sankt Georg kommt Frosch und Storch.

Sankt Marks* bringt Args.
* 25. April

Ist Palmsonntag hell und klar,
so gibt's ein gut und fruchtbar Jahr.

Wenn's am Palmsonntag regnet,
hält die Erde keine Feuchtigkeit.

Karfreitag Sonnenschein bringt reiche Früchte ein.

Wenn am Karfreitag Regen war, folgt trockenes, aber fruchtbar Jahr.

Wenn's am Karfreitag
dem Herrn ins Grab regnet,
so gibt's einen trockenen Sommer.

Wenn's am Karfreitag regnet,
so ist das Jahr gesegnet.

Nach Karfreitag kommt Ostern.

Wenn es am Karfreitag regnet, fällt der Boden auch ins Wasser.

Was im Maien freit, ist nicht immer die beste War.

Mailuft bringt fast die Toten aus der Gruft.

Wenn im Mai die Bienen schwärmen, so soll man vor Freuden lärmen.

Ein Bienenschwarm im Mai
ist wert ein Fuder Heu,
aber ein Schwarm im Juni,
der lohnet kaum der Müh'.

Wie der Holunder blüht,
Rebe auch und Lieb' erglüht;
blühen beide im Vollmondschein,
gibt's viel Glück und guten Wein.

Es wird kein gut Wetter,
bevor der Herrgott
nicht die Beine von der Erde hat.
(Himmelfahrt)

Pankratius holt seine Pantoffeln wieder.
Pankratius, Servaz und Bonifatius*
machen dem Gärtner noch manchen Verdruß.
* 12.–14. Mai

Nach Pankratius und Servatius gibt's keine Nachtfröste mehr.

Erst wenn Servazi vorüber, kommt der Sommer.

Wer seine Schafe schert vor Servaz,
dem ist die Wolle lieber als das Schaf.

Leinen, gesät am Sophientag*,
stets vortrefflich wachsen mag,
sät man ihn am Vormittag;
doch sät man ihn Nachmittag,
nur ein Knötlein gibt Ertrag.
* 15. Mai

Lein, gesät an Esther*, wächst am allerbesten.
* 24. Mai

Lein, gesät Marientag*,
wohl dem Nachtfrost trotzen mag.
* 25. Mai

Wer am Maiabend setzt Bohnen, dem wird's lohnen.

Maienfrost den Früchten das Leben kost.

Der Maikäfer Menge bedeutet der Schnitter Gedränge.

Mairegen ist ein Segen.

Reife Erdbeeren um Pfingsten bringen ein gutes Weinjahr.

Der Frost, der kommt im Mai'n, ist schädlich dem Hopfen und Wein, den Bäumen, dem Korn und dem Lein.

Gerät die Eichelblüte im Ausgang des Maien wohl,
so machet sie das Jahr schmalzig voll.

Wenn im Juni Nordwind weht, das Korn zur Ernte trefflich steht.

Juniregen bringt reichen Segen.

Wenn naß und kalt der Juni war,
verdirbt er meist das ganze Jahr.

Wenn die Nacht zu längen beginnt,
dann die Hitze am meisten zunimmt.

Wer den Lein sät nach Vit,
geht mit der Saat quitt,
wer ihn sät vor Medar*,
ist ein Narr.
* 8. Juni

Wenn Johannes* ist geboren, gehen die langen Tage verloren.
* 24. Juni

Vor Johanni bitt um Regen,
nachher kommt er ungelegen.

Nach dem Siebenschläfer* richten sich sieben Tage und sieben Wochen.
* 27. Juni

Wenn es an den Siebenschläfern regnet,
so ist man sieben Wochen mit Regen gesegnet.

Wie der Juli war, so wird der Jänner.

Eine Lerche, die singt,
noch keinen Sommer bringt;
doch rufen Kuckuck und Nachtigall,
so ist es Sommer überall.

Wenn die Schwalben auf Sandbänke bauen,
kann man auf einen trocknen Sommer trauen.

Die Sonne im Juni hat noch keinen Bauer aus dem Lande geschienen.

Früher Sommer - später Hunger.

Magdalena* weint um ihren Herrn,
drum regnet's an diesem Tage gern.
* 22. Juli

Magdalen knackt die Nüsse allen.

Zu Jakobe* wachsen die Rüben unten und obe.
* 25. Juli

Wenn Jacobi kommt heran,
man den Roggen schneiden kann.

Wenn Jakob an den Wolken rüttelt,
er auch brav die Eicheln schüttelt.

Jakobi klar und rein,
wird's Christfest frostig sein.

An Sankt Martha* hängt man das Licht unter den Rauchfang.
* 29. Juli

Es ist selten ein Sommer ohne Hagel
und ein Kopf ohne Nagel.

Grünt die Eiche vor der Esche,
hält der Sommer große Wäsche;
grünt die Esche vor der Eiche,
hält der Sommer große Bleiche.

Eine Schwalbe bringt noch keinen Sommer.

In einem trockenen Sommer verdirbt kein Bauer.

Es ist nur ein Sommer im Jahr.

Auf die schönsten Sommertage folgen die größten Wetter.

Viel Fliegen im Sommer –
im nächsten Jahr viel Korn.

Sommerregen und Ziegenmist
lassen den Bauern, wie er ist.

Dem Sommer sind Donnerwetter
nicht Schande,
sie nützen der Luft und dem Lande.

Hundstage hell und klar
zeigen an ein gutes Jahr.

Was der August nicht kocht, läßt der September ungebraten.

Ist's in der ersten Augustwoche heiß, bleibt der Winter lange weiß.

Wenn's im August stark tauen tut, bleibt das Wetter meistens gut.

Warme Nächte
bringen Herrenwein,
bei kühlen wird der sauer sein.

Der Tau tut dem August so not
wie jedermann das täglich Brot.

An Petri Kettenfeier* gehen die Störche fort.
* 1. August

An Petri Kettenfeier muß man die Sensen zum Weizen wetzen.

Wenn's Oswald* regnet,
wird das Getreide teurer,
und wenn alle Berge Mehl wären.
* 5. August

An Sankt Laurentii* Sonnenschein
bedeutet ein gut Jahr für Wein.
* 10. August

Laurentius heiter und gut
einen schönen Herbst verheißen tut.

An Laurentius - man pflügen muß.

Wenn der September donnern kann, setzen die Bäume viele Blätter an.

Wenn Septemberregen den Winzer trifft, so ist das schlechter nich als Gift.

Im September und August trink alten Wein, laß stehn den Most.

Sieht man die Zugvögel
schon zeitig ziehn,
bedeutet's, daß sie vor Kälte fliehn.

Viel Eicheln im September, viel Schnee im Dezember.

Blühn die Disteln reich und voll,
ein schöner Herbst die blühen soll.

Der September mästet die Faulen.

Wenn der September noch donnern kann, so setzen die Bäume viel Blüten an.

An Septemberregen für Saat und Kleben ist den Bauern gelegen.

Wenn sich Schnecken viel deckeln, so gibt's einen frühen Winter.

Wenn die Blätter abfallen beizeit,
verspricht's aufs Jahr viel Fruchtbarkeit.

Fallen die Eicheln vor Michaeli ab, so steigt der Sommer früh ins Grab.

Michael* steckt das Licht an.
* 29. September

Michael mit Nord und Ost verkündet einen scharfen Frost.

Kommt Michael heiter und schön, so wird es noch vier Wochen so gehn.

Viel Eicheln um Michaelis,
viel Schnee um Weihnachten.

Warmer Oktober bringt kalten Februar.

Ist der Oktober kalt, macht er dem Raupenfraß halt.

Sitzt im Oktober das Laub fest am Baum, fehlt ein strenger Winter kaum.

Wie's im Oktober wittert, so im nächsten April.

Wenn die Bienen zeitig verkitten,
kommt bald ein harter Winter geritten.

Laß dich durch Oktobermücken
hoffnungsselig nicht berücken.

Wenn die Störche zeitig reisen,
kommt ein Winter von Eisen.

Rüsten sich Schwalben und Störche zur Reis',
dauert's nicht lang mehr, so wird es weiß.

Gallus* schaff heim alles!
* 16. Oktober

Nach Sankt Gall treib die Kuh in'n Stall.

Galle kommt der Dreck alle.

Wie der November, so der März.

Novemberschnee tut der Saat wohl, nicht weh.

Fällt im November das Laub früh zur Erden,
soll ein feiner Sommer werden.

Zieht der Vogel schon zeitig ins Weite,
bringt November schon Winterfreude.

Ist Martin* Sonnenschein, tritt ein kalter Winter ein.
* 11. November

Ist zu Martini strenger Frost, dann wird der Winter gelind.

Wenn auf Martini Regen fällt, ist's mit dem Weizen schlimm bestellt.

Wenn zu Martini die Gäns auf dem Eise stehn,
so müssen sie zu Weihnacht im Kote gehn.

Wenn die Schafe zu Martini gehen,
im Trockenen,
so gehen sie zu Weihnachten im Pfuhl.

Dezember warm, daß Gott erbarm.

Dezember kalt mit Schnee, gibt Korn auf jeder Höh!

Kalter Dezember und fruchtbar Jahr
sind vereinigt immerdar.

Wenn die Christnacht
fällt in den wachsenden Mond,
so gibt's ein Jahr, das sich lohnt.

Ein grüner Christtag,
ein weißer Ostertag.

Fallen in der Christnacht Flocken,
der Hopfen sich wird gut bestocken.

Wenn die Forellen früh laichen,
so gibt es viel Schnee.

Wer seinen Pelz im Leihhaus hat,
bekommt gar leicht den Winter satt.

Je größer der Ameisenhügel,
je straffer des Winters Zügel.

Frost ohne Schnee in der Adventszeit bringt viel und gutes Wintergetreid'.

Geht der Dezember auf, so gibt's 'n wetterwendischen Lauf.

Trockener Dezember, trockenes Frühjahr und trockener Sommer.

Wer im Dezember die Saiten überspannt, gibt im Frühjahr einen stinkenden Schützen.

Wie der Dezember so der Frühling.

Auf kalten Dezember mit tüchtigem Schnee folgt ein fruchtbares Jahr mit reichlichem Klee.

Dezember veränderlich und lind, der ganze Winter ein Kind.

Der letzte Dezember schließt das Jahr.

Dunkler Dezember deutet auf ein gutes Jahr.

Grüne Christnacht, dunkle Scheuern,
finstre Christnacht, helle Scheuern.

Wenn die Christnacht hell und klar, so folgt ein gesegnet Jahr.

Wenn in der Christnacht der Wein rumort im Faß und übergeht, so kommt ein gutes Weinjahr, wer's versteht.

Wintert's in der Christnacht aufs Dach, so wintert es im Frühjahr nach.

Dem Armen fällt das Brot nimmer auf die Butter

Arm und reich gelten selten gleich.

Dem Armen fällt das Brot nimmer auf die Butter.

Der Arme hat die meisten Kinder.

Der Arme gehört hinter die Tür.

Des Armen Speck ist bald geschmolzen.

Die Armen müssen geben, damit die Reichen leben können.

In eines Armen Küche riecht's nicht nach Braten.

Wenn der Arme kommt, ist der Reiche blind.

Armut hat keine Scham.

Armut ist eine böse Krankheit.

Armut hat Städte gebaut.

Armut ist eine Haderkatz.

Almosen ist der Reichen bester Schatz.

Almosen sind das Salz des Reichtums.

Es ist ein armer Bauer, dessen Felder die Lerchen düngen.

Es ist mehr als einmal geschehen, daß ein Bauer einen Igel geschissen hat.

Hat man erst den Stall, so kommt man auch zur Kuh.

Jeder kann zu seinem Stroh Heu sagen.

Wer nichts zu beißen und zu brocken hat, dem vergeht wohl der Kitzel.

Aus Hunger stehlen ist keine Sünde.

Der Hunger ist ein guter Koch, er lehrt Holzäpfel kauen.

Der Hunger macht alle Speisen süß, allein sich selbst nicht.

Der Hunger vertreibt die Liebe.

Hunger vertreibt den Schlaf.

Hunger und Durst heiraten einander.

Wer sich hungrig legt aufs Stroh, wird keines Schlafes froh.

Eine Sorge kommt nicht allein.

Kleine Sorgen machen viel Worte, große sind stumm.

Sorge macht graues Jahr und altert ohne Jahr.

Sorg' und Fleiß bricht Eis.

Wer keine Sorge hat, lebt glücklich.

Auf einer dürren Wiese kann auch eine scharfe Sichel nicht grasen.

Alt Brot, alt Mehl, alt Holz und alter Wein sind Kleister.

Besser hartes Brot, als gar keines.

Brot bäckt man nicht ohne Mehl.

Brot und Wein gibt auch eine Suppe.

Wer den Brotkorb aufhängt, dessen Nahrung hängt auch hoch.

An kleinen Brunnen löscht man auch den Durst.

Mager Vieh gibt wenig Mist; und wo kein Mist, da erntet wenig auch der frömmste Christ.

Besser Stroh ernten, als den leeren Wagen in die Scheune fahren.

Wenn die Kuh nicht Milch gibt, muß sie Stroh fressen.

Das Glück ist eine blinde Kuh,
Es läuft dem dümmsten Ochsen zu.

Dieses Haus ist mein und doch nicht mein,
Wer nach mir kommt, bei dem wird's auch so sein.

Arme Leute verwechseln die Schüsseln nicht.

Armer Leute Korn steht dünn.

Arme Leute kochen ihren Kohl in Wasser.

Arme Leute schlafen vor Hunger.

Wer wenig hat, muß die Schüssel auslecken.

Ein Bauer – ein Schlauer

Niemand ist in dieser Welt,
der tun kann, was ihm gefällt.

Ein Mann ohne Bart
ist ganz aus der Art.

Besser blasen als sich verbrennen.

Das kleinste Blatt bewegt sich nicht, wenn es nicht geblasen wird.

Wie vom Berg ein Regen fällt, vergeht der Mensch in dieser Welt.

Bei jungen Erben wird das Gut nicht alt.

Lachende Erben lieben stille Begräbnisse.

Erben macht keine Blattern.

Die Beine sind leicht, wenn der Wille gut ist.

Dünne Beine machen hohle Schuhe.

Ganze Beine sind besser als ein gemästeter Bauch.

Gerade Beine tragen nicht allezeit gerade.

Gesunde Beine bedürfen keiner Krücke.

Kranke Bein' und brave Frauen findet man daheim.

Mit geschwollenen Beinen ist böse tanzen.

Müden Beinen ist schwer pfeifen.

Wenn das Bein gebrochen ist, haut man den Baumstumpf um.

Wenn das Bein geheilt ist, so tanzt der Esel wieder.

Wer gerade Beine hat, kann gut über krumme lachen.

Wer nur ein Bein hat, bekommt keine kalten Füße.

Beispiel tut viel.

Beispiele bessern nicht.

Der Galgen trägt nur kleine Leute.

Aus fremden Fässern ist gut Wein zapfen.

Bei einem Fieber von vier Tagen werden die Jungen genesen, die Alten getragen.

Fieber im späten Jahr bringen auf die Bahr'.

Wenn die Deichsel in der Mitte bleibt, geht kein Rad aus dem Gleise.

Wo die Deichsel sich hinrichtet, gehen die Räder hin.

Wer nicht achtet den Deut, hat bald'n Gulden zerstreut.

Keine Fastnacht ist ohne Narren.

Auch ein kleiner Funke leuchtet im Dunkeln.

Auch kleine Funken zünden.

Ein Funke, der ins Wasser springt, ist verloren.

Wer den Bedrängten in der Not beisteht, gibt das beste Almosen.

Alte Fürze stinken.

Eigene Fürze riechen wohl.

Man kann nicht jeden Furz auf die Waage bringen.

Man kann nicht mit zwei Gabeln auf einmal essen.

Der Alte muß seine Stärke in guter Rast, gutem Weine, weichem Bett und warmer Stube sichern.

Der Alte schmeckt oft nach dem Jungen.

Den Gänsen ist angeboren, daß sie auf dem Wasser schwimmen.

Die Gans trottet daher als ein voller Mann.

Die Gans wird endlich kahl, wenn man lange genug rupft.

Die Gans wird erst gegessen, dann schläft man auf ihr.

Mancher findet, ehe er sucht.

Jedweder hat fünf Finger an der Hand.

Keine Garbe ohne taube Augen.

Es ist nicht alle Tage Fastnacht.

Die Alten haben den Kalender am Leibe.

Die Alten halten sich mit den Zähnen auf.

Die Alten lassen sich nicht lange in den Bart greifen.

Die Alten müssen sich ihre Stärke aus der Schüssel nehmen.

Die Alten müssen sich ihre Stärke in der Kanne, im Bett und hinterm Ofen suchen.

Man ist nie zu alt zum Lernen, sagte die alte Frau; da lernte sie noch hexen.

Mancher ist alt an Jahren und steckt doch in der Bubenhaut und geht sein Lebtage in Kinderschuhen.

Wer alt werden will, tue früh dazu.

Wer alt ist, macht sich den Ofen zum Freunde.

Wer zeitig alt wird, der lebt lange.

Willst du alt werden, so werde bald alt, behalt den Kragen warm, fülle nicht zu sehr den Darm, mach dich der Grete nicht zu nah', also wirst du langsam grau.

Wer das Alte um das Neue vertauscht, wird oft betrogen.

Wenn alles Alte gut wäre, so müßte alles Neue böse sein.

Man muß das Alte nicht wegwerfen bevor man das Neue hat.

Alles werde langsam begangen, ausgenommen das Flöhefangen.

Ein spitzig Begehren bedarf einer scharfen Antwort.

Wer allzu viel begehrt, das Nötige oft entbehrt.

Um alles zu behalten, was durch die Ohren geht, ist kein Kornhaus groß genug.

Beharrlichkeit trägt den Sieg davon.

Befehlen, stehlen und hehlen sind drei Diebe.

Beginnen ist halb gewinnen.

Früh begonnen, bald gesponnen.

Übel begonnen - Unheil gewonnen.

Es ist selten ein Begräbnis, bei dem niemand weint, und eine Hochzeit, bei der niemand lacht.

Wenn die Bauern besoffen sind,
laufen die Pferde am besten.

Wer Gewinn haben will,
muß Kosten nicht scheuen.

Leichte Bürde wird auf die Länge schwer.

Je höher der Baum, je näher der Blitz.

Mancher schnappt nach dem Glück
wie der Hund nach dem Fleisch.

Wenn das Haupt krank ist,
so siechen die Glieder.

Es ist bös' zu Markt gehn ohne Geld.

Wer sich selber lobt,
hat böse Nachbarn.

Willst du gelobt sein, so stirb.

Schafe wollen ihr Salz und die Bauern Freiheit.

Wer den Bauern hat, hat auch den Ochsen.

Bauernköppe - harte Köppe.

Lange Bratwürste und kurze Predigten
haben die Bauern gerne.

Einem Bauer muß man die Schaufel, nicht die Lanze in die Hand geben.

Die Schaufel macht keinen Bauern, die Lanze keinen Ritter.

Der Bauer ist ein Ehrenmann, der weiß, will und kann.

Es ist auch wohl aus einer Bauernhütte ein großer Mann gekommen.

Wenn Bauern nicht wären und ihre Güld', so wär ein Bettelsack der Edelleute Schild.

Bauern schimpfen nicht, sie schlagen dreimal an eine Stelle.

Was man mit Bitten erhält, bezahlt man am teuersten.

Die ärgste Blindheit ist, nicht sehen wollen.

Gibt der Bauer, so sieht er sauer.

Bauerngeld klingt auch in der Welt.

Wer Brot im Korb hat, weiß nicht, wie dem ist, der keins darin hat.

Branntwein ist der Bauern Sekt.

Wer die Augen nicht auftut, der tut den Beutel auf.

Wer den Karren in den Dreck geschoben hat, der muß ihn wieder herausziehen.

Ein Bauer, der sich nicht bückt, macht keine geraden Furchen.

Der Bauer hört gern, daß die Butter viel gilt.

Der Bauer hat wohl 'ne grobe Hand, aber einen feinen Verstand.

Wer den Baum der Freundschaft nicht mit dem Regen der Rechtschaffenheit tränkt, dem verdirbt er bald.

Wenn man den Bauern bittet, so schwillt ihm der Kropf.

Wer ein echter Bauer sein will, der muß die Säue zweimal hüten.

Wenn ein alter Bauer stirbt, so lacht das Geld und weint das Feld.

Der Bauer wird immer um ein Jahr zu spät weise.

Wer sein eigener Herr sein kann, der diene keinem anderen.

Besser arm und frei denn ein voller Kragen und eine goldene Kette um den Hals.

Wer sich ein Haar krümmen läßt, dem krümmt man bald den Rücken.

Bauern und Arme haben auch ihren Zorn, er hat aber die Wehre nicht.

Der Bauer wird am meisten geschoren.

Der Bauern Schalkheit und Gottes Barmherzigkeit dauern alle Zeit.

Gut meinen und gut machen sind ganz verschiedne Sachen.

Eine Biene macht keinen Schwarm.

Wer lernen will ohne Buch, schöpft mit einem Sieb Wasser in einen Krug.

Wer etwas lernt und etwas kann, bricht überall sich Bahn.

Es ist ein guter Stamm, der am Ende eine grüne Spitze hat.

Am Abend gekammert, am Morgen gejammert.

Der eine lacht einen guten Käse an, der andere fällt davon in Ohnmacht.

Adams Apfelmus macht uns allen viel Verdruß.

Wenn ein Alter tanzt, so macht er großen Staub.

Alter kommt leise, macht den einen dumm, den andern weise.

Mancher denkt zu buttern und hat dann Quark im Faß.

Das Schaf ist verloren, das sich beim Wolf Rat holt.

Lerne mit Fleiß, so wirst du weis'.

Das Lernen hat kein Narr erfunden.

Was du vor dem Berg nicht hinter dir hast, hast du hinter dem Berg noch vor dir.

Das vergangene Jahr sei dir eine nützliche Lehrstunde.

Das Jahr hindurch kann viel Wasser den Berg herablaufen.

Wer will bauen an der Straßen, muß die Leute reden lassen.

Barmherzigkeit gegen Wölfe ist Grausamkeit gegen Schafe.

Ich hätt' vergessen fast bei mir,
daß ich hier noch ein Schiff einführ,
wo ich der Bauern Narrheit rühr.

Ein voller Bauch ist besser als weiße Manschetten.

Der Bauer achtet den Ungelehrten wie den Gelehrten.

Fährt der Bauer im Januar Schlitten, muß er im Herbst um Säefrucht bitten.

Wen die Bienen schrecken, der wird keinen Honig lekken.

Gott gibt einem wohl den Ochsen, aber nicht bei den Hörnern.

Wer Pech anfaßt, der besudelt sich.

Mit leerer Hand kann man nicht Habichte locken.

Jung gewohnt, alt getan.

Gut Geheiß freut den Toren.

Einem faulen Bauern ist kein Pflug genug.

Der Bauer und der Stier sind wie ein Tier (störrisch).

Bauern sind oft Hänse, aber niemals Gänse.

Das ist ein fauler Bauer, der das Fleisch beim Metzger kauft und in seinen Schornstein hängt.

Fremde Leute tun oft mehr als Blutsfreunde.

Es begibt sich oft viel, ehe man den Löffel zum Maul führt.

Besser oft und wenig essen.

Je mehr man den Dreck rührt, je mehr stinkt er.

Ein Glas Wein hilft den Alten auf die Bein'.

Lernen und Probieren machen den Künstler.

Lernen führt zum Wissen und Wissen zum Genießen.

Lernen hat eine bittere Wurzel, aber es trägt eine süße Frucht.

Der Bauer glaubt nur seinem Vater.

Der Bauer ist auf einen Pfennig wie der Teufel auf eine Seele.

In meinem Dorf, sagte der Bauer, sind die Bauern alle so fromm wie ich.

Am Abend ist warm der Herd, am Morgen der Steert.

Auf und ab tanzt das Glück, wie ein Ball.

Ein blödes Auge sieht lieber schwarz als weiß.

An einem Abend kann man nicht zwei Räusche haben.

Ist der Abend auch labend, redet doch oft der Morgen von Sorgen.

Was man zu Abend um vieri thut, kommt ei'm zu Nacht um nüni gut.

Der Bauer ist ein Ehrenmann.

Der Bauer ist nicht zu verderben, man hau' ihm denn Hand und Fuß ab.

Der beste Bauer ist ein Schelm.

Die Bauern begehren lange Bratwürste und kurze Lehren.

Die Bauern haben häufig Durst, sie lieben kurze Predigt und lange Wurst.

Die Bauern müssen den Junkern die Hunde und die Laien den Pfaffen die Weiber aufziehen.

Die Bauern trauen auf ihren Eid.

Ein reicher Bauer ist wie ein Ochs mit Hörnern.

Wer bauen will, muß Geld haben.

Krummes Holz gibt auch gerades Feuer.

Der Bär liebt wohl den Honig, er macht aber nicht Jagd auf Bienen.

Wer in einen Ameisenhaufen spuckt, dem schwellen die Lippen.

Wo's Brauch ist, trägt man den Kuhschwanz als Halsband.

Der geduldigen Schafe gehen viel in den Stall.

Rollender Stein wird nicht moosig.

Wenn man den Wolf nennt, kommt er gerennt.

Die Blätter warten nicht alle auf den Herbst.

Ließe der Himmel nicht Wasser regnen, so wäre kein Wein.

Der Faulenzer und die Wintersonne gehen langsam auf und früh unter.

Ein Sperling in der Hand ist besser als eine Taube auf dem Dach.

Jedes Schaf wird an seinen eigenen Füßen aufgehängt.

Trittst du mein Huhn, so wirst du mein Hahn.

Nicht jede Biene sticht, die uns um die Ohren summt.

Wo es kalt, wird zu Knieholz der Wald.

Setzt den Frosch auf einen Stuhl, er springt zurück in seinen Pfuhl.

An fremden Kindern und Hunden ist das Brot verloren.

Wenn der Bauer aufs Pferd kommt, reitet er schärfer als der Edelmann.

Faule Bauern finden keinen Acker

Arbeit gibt Brot, Faulheit gibt Not.

Faulem Wichte bringt auch ein guter Acker keine Früchte.

Es ist besser, den Acker zu bauen, denn unersättlich Lieb zu Gold und Silber haben.

Fette Erde macht den Menschen faul.

Säet einer Spreu, ist's mit der Kornernte schon vorbei.

Wer den Acker nicht will graben, der wird nichts als Unkraut haben.

Wenn der Boden ruht, gedeiht das Unkraut gut.

Wer nicht sät, der nicht mäht.

Mancher Dickwanst wäre als Ochse viel wert.

Schlaf nicht bis in den hellen Tag, sonst kriegst du Maden in die Augen.

Wer nicht arbeiten will, der laß das Brot auch liegen still.

Wer zur Ernte schläft, wacht im Winter auf.

Je länger im Bette, je ärmer die Küche.

Wer lange schläft, der hat auf seinem Tische magere Suppe.

Wer Stroh drischt, kein Korn erwischt.

Da geschieht fürs Ackern wenig genug, wo der Bauer läuft vom Pflug, der Ochse verwirft das Joch und das Roß sein Kummet noch.

Ackerbau und Bergwerk soll man nicht lassen feiern.

Wer's Unkraut ein Jahr lang läßt stehen, kann sieben Jahre jäten gehen.

Branntwein geht gut ein, aber er macht aus dem Mann ein Schwein.

Im Branntwein steckt ein Nagelhaken, dessen Leine der Teufel hält.

Faule Bauern finden keinen guten Acker.

Dem Faulen ist am wohlsten, wenn er schläft.

Der Faule fällt über jeden Strohhalm.

Der Faule geht zur Arbeit wie ein Dieb zum Galgen.

Der Faule hat Lust zum Arbeiten wie der Hund zum Hechellecken.

Der Faule schneidet gern die Bretter, wo sie am dünnsten sind.

Man muß den Faulen den Schimmel abwischen.

Auch Faulenzen hat seine Grenzen.

Junger Faulenzer, alter Dieb.

Faulheit hat Armut als Lohn.

Faulheit ist der nächste Weg zur Schande.

Faulheit bringt nichts Gutes.

Die Faulheit hat keinen Advokaten aber viel Freunde.

Faulheit ist des Teufels Knecht.

Fressen und Saufen bringt mehr Leute um als das Schwert.

Viel auf der Gabel und wenig für die Kuh.

Die Feste vergehen, der Narr bleibt.

Ein Freßtag muß naß sein.

Ein Freßtag nicht naß, gibt keinen Spaß.

Wer den Brunnen erst gräbt, wenn er durstet, der muß verschmachten.

Allzusehr gebuhlt, bringt der Keuschheit wenig Nutzen.

Alter Buhler, junger Narr.

Buhlern und Faulenzern wird der Tag zu lang und die Nacht zu kurz.

Es ist gut Feste zu feiern in eines andern Haus.

Wenn's zum Feste geht, hört ein lahmes Weib auf zu hinken.

Speck und Glück macht Bauern dick.

Als Adam ackerte, gab es weder Herren noch Knechte

Der Bauer sät aus, der Advokat erntet ein, bist ein gescheiter Bauer, läßt's Prozessieren sein.

Zwei Ordensleute in einer Zell', zwei Narren unter einem Dach und zwei Töpfer in einem Dorf vertragen sich nicht.

Der Blitz schlägt öfter in den einzelnen Baum des Bauern als in den Wald des Gutsherren.

Wenn der Bauer den Advokaten besucht, so besucht der Advokat des Bauern Vorratskammer.

Wer Bratspieße sucht, muß in keines Armen Küche gehn.

Wo der Ochs König ist, da sind die Kälber Prinzen.

Wer auf zwei Sätteln reiten kann, den nennt man einen neutralen Mann.

Es ist schon oft ein Schweinehirt Franziskaner und ein Franziskaner Schweinehirt geworden.

Die Patres kosten den Wein, die Offiziere die Töchterlein.

Die Kirche ist groß, doch singt der Pfarrer nur, was er kann.

Meßpriester sind Eß- und Freßpriester.

In einem Bauernhaus wohnt oft mehr Friede als in einem Palast.

Propst und Bader lassen beide zur Ader.

Man wird Pfarrer um des Brotes, nicht um des Himmels willen.

Ein Bauer hat so gut einen Himmel als ein Edelmann.

Der Bauer ist so stolz auf seinem Miste wie der Junker auf seinem Schlosse.

Wo die Herren raufen, müssen die Bauern Haare lassen.

Der Herren Sünde, der Bauern Buße.

Ich helfe den Bauern auf die Beine, sagte der Edelmann; da nahm er ihnen die Pferde.

Amtmann – verdammt Mann.

Wer dem Amtmann entgeht, fällt dem Richter in die Hand.

Der Ackermann erwirbt's, der Kriegsmann verdirbt's.

Das Päpstlein in jedem Dorf pflegt sich wie die Laus im Schorf.

Kuh und Schafe gehen miteinander, aber der Adel steigt allein.

Ein Bauer ohne Mist, ein Advokat ohne List, ein Kaufmann ohne Geld, sind arme Leute in der Welt.

Hält der Fürst ein Gastgebot, bringt der Bauer ihm das Brot.

Amtleute geben dem Herrn ein Ei und nehmen dem Bauern zwei.

Rüttelt der Bauer am Joch, gleich pfeifen Junker und Pfaff aus einem Loch.

Wenn der Fürst einen Apfel braucht, nehmen seine Diener den ganzen Baum.

Was der Bauer sich kocht zum Essen, wird vom Senator aufgefressen.

Wenn die Bauern reich sind, können die Herren nicht verarmen.

Die Schafe dürfen wohl sich gegenseitig anblöken, nicht aber den Hirten.

Wäre Holzhauen ein Orden, wären nicht so viele Mönche geworden.

Bauern machen Kaufleute, Kaufherren machen Junkherren, Junkherren machen Bettler.

Was die Ackermähren bauen, das können die Barrenhengste kauen.

Wenn das Dorf brennt, so steht des Pfaffen Haus im Rauch.

Pfaffenrache schont das Kind im Mutterleib nicht.

Der Pope ist ein Heiliger vor dem Dorfe, aber nicht vor den Mägden seines Hauses.

Es ist noch kein Pfaff' am Fasten gestorben.

Der Pfaff' liebt seine Herde, doch die Lämmlein mehr als die Widder.

Der Bauer schläft ebenso gut auf dem Strohsack als der Fürst in einer elfenbeinernen Bettstatt.

Ein Wind aus Herrenbauch stinkt auch.

Es hat nur drei keusche Nonnen gegeben: die eine ist aus der Welt gelaufen, die andere ist im Bad ersoffen, und die dritte sucht man noch.

Ein Bauer zwischen zwei Advokaten ist ein Fisch zwischen zwei Katzen.

Ein Harnisch zieht den Blitz mehr an als ein Kittel.

Strenge Herren regieren nicht lange.

Reich ist, wer genug hat.

Ein Bauer zehrt mit einem Kreuzer so weit
wie ein Herr mit einem Dukaten.

Geloben ist adelig, halten bäurisch.

Besser ein reicher Bauer
als ein armer Edelmann.

Wer zwei Wege gehen will,
muß zwei lange Beine haben.

Man kann nicht zugleich satteln und reiten.

Bauern heiraten nach Land,
Edelleute nach Stand,
Hofleute nach Welt,
Kaufleute nach Geld.

Der Düngerwagen erhält die Kutsche.

Aller Adel hat einen Misthaufen zum Vater
und die Fäulnis zur Mutter.

Je älter der Adel, je morscher der Baum.

Wenn du schon im Sattel sitzt,
so suche nicht mehr nach dem Rosse.

Drei Dinge hat der Bauer gern:
Jede Woche einen anderen Vogt,
jeden Monat einen anderen Richter,
jedes Jahr einen anderen Herrn.

Ein Amtmann auf dem Land
hat das Geld der Bauern in der Hand.

Neue Gutsverwalter
sorgen bald fürs eigne Alter.

Als Adam ackerte,
gab es weder Herren noch Knechte.

Weh dem Vorgel, der vom Neste fliegt,
eh ihm die Federn gewachsen sind.

Küsters Kuh weidet auf dem Kirchhof.

Das kommt vom Studieren,
antwortete der Abt,
als ihn der Hofnarr
nach der Ursache seiner roten Nase fragte.

Krieche vor der Herrschaft,
und du bist ihr Hund.

Wenn Pastor und Küster sich liegen im Haar,
so werden die Geheimnisse offenbar.

Mancher meint sich im Sattel
und hat noch keinen Fuß im Bügel.

Wer das Saure nicht kennt,
der weiß nichts von dem Süßen.

Mancher bindet die Rute,
mit der er geschlagen wird.

König, Bauer, arm und reich
Nach dem Tode ist es gleich.

Der Mönch paßt zur Nonne wie der Spund zum Faß.

Der Mönch muß dem Junker den Hund, der Bauer den Junker wie den Mönch samt dessen Huren füttern.

Ein Mistwagen nützt dem Bauern mehr als eine Kutsche.

Hochmütiger Tyrannen Hände erlangen selten ein gutes Ende.

Die Tyrannei hat mehr als einen Hals.

Tyrannei tritt mehr zu Boden als Pferdehufe, verbreitet mehr Not als Hungerjahre und läßt den Segen des Himmels nicht herabkommen.

Wer als Tyrann lebt, stirbt als Tyrann.

Pfaffen- und Weiberregiment
nimmt selten ein gutes End.

Wer vom Drohen stirbt,
den soll man mit Fürzen begraben.

Das Opfer, so der Pfaff' verschmäht,
dem Küster in den Beutel geht.

Trocken Brot und Friede ist besser
als Fleisch mit Jammerbrühe.

Ritters Recht ist anders denn Bauern Recht.

Da ist es übel bestellt,
wo man die Hunde zum Jagen tragen muß.

Besser der erste im Dorfe
als der letzte in der Stadt.

Das Volk muß blechen,
wenn Könige zechen.

Wenn ein Reicher stirbt
und ein Armer schlachtet,
gibt es viel zu erzählen.

„Die Börse oder das Leben",
sagte der Bauer zu seinem Weib.
Da kam der Advokat mit dem Doktor herein.

Mönchsbisse heilen schwer.

Die Kutte macht nicht den Mönch.

Wer flieht, den jagt man.

Eine Ähre, die aufrecht steht, ist leer.

Bauern schlagen einander tot,
Edelleute machen einander Kinder.

Lachenden Schulzen und weinenden Huren
soll man nicht trauen.

Des Schulzen Kuh
will immer einen Vorteil haben.

Der Bauer bleibt ein Bauersmann,
wird ihm auch Purpur angetan.

Die Bauern jauchzen erst, wenn sie heimgehen.

Auch der Kaiser
kann sich der Flöhe nicht erwehren.

Je hohler die Ähre, desto höher die Nase.

Am Anfang der Welt gab es den Bauern,
wo waren die Herren?

Die Nonnen fasten,
daß ihnen die Bäuche schwellen.

Es ist kein Amt so klein,
es trägt was in die Küchen ein.

Der Armen Braten und der Reichen Krankheit
riecht man weit.

Das Unglück hat breite Füße,
sagte der Bauer,
da sah er einen Mönch kommen.

Wer barfuß geht, den drückt kein Schuh.

Besser gut geschritten als schlecht geritten.

Neue Amtleute und neue Karren,
wenn man sie zuerst braucht, sie knarren.

Ein Bauernhut schützt besser vor dem Regen
als ein Samtkäpplein.

Es ist kein Ämtli, es hat auch ein Schlämpli.

Pfaffen im Rat
und Säue im Bad
und Hunde in der Küch'
niemals gut tat.

Dürres Blatt und Fürstenwort,
nimmt ein jeder Wind mit fort.

Wen der Teufel holen will,
der ist auch am Altar nicht sicher.

Als Adam hackt' und Eva spann, wer war da wohl ein Edelmann.

Als Adam sich gesonnt, wer war da wohl gevont.

Wir alle sind Adams Kinder, ausgenommen der eine in Lumpen, der andre in Seide.

Adel macht den Kohl nicht fett.

Laß dem Adel seine Jagden, den Bauern ihre Kirchweih und den Hunden ihre Hochzeiten, so bleibst du in Ruhe.

Am Abend noch ein Edelmann, am Morgen spricht er die Leute an.

Armer Bauern Kälber und reicher Herren Töchter werden nicht alt.

Auch der Bauer ißt nicht ungesalzen.

Auf den Bauern der Stock, auf den Adel das Schwert.

Bauern machen Fürsten.

Bauern sind Hofleute, die nicht in die Stube dürfen.

Bauern und Ackersleut sind gern beisammen.

Bauern und Mehlsäcke klopft man so lange, als es staubt.

Bauern und Schweine haben immer etwas zu grunzen.

Der Bauch geht stets voran und der Höker hintennach.

Der Bauch hört keine Predigt.

Der Bauch ist ein Wirtshaus, wo es gehet ein und aus.

Ein dicker Bauch macht keinen spitzfindigen Kopf.

Durch den Bauch führt keine Landstraße.

Wer den Bauch voll hat, meint auch, daß die Nachbarn satt sind.

Besser ein gesunder Bauer, denn ein kranker Kaiser.

Beinahe bringt keine Mücke um

Man kann lange an einer Eiche schütteln, ehe sie umfällt.

Aus den Eicheln, welche die Schweine gefressen, werden keine Eichen.

Besser einen Dotter als die eitle Schale.

Alten Dreck soll man nicht aufrühren.

Der Dreck hängt sich überall an die Räder.

Besser einäugig als gar blind.

Die Dohle wird keine Taube, auch wenn man sie badet.

Die Dohle würde nicht weiß, wenn sie sich auch im Schnee badete.

Die Dornen wachsen eher als die Rosen.

Ohne Dornen keine Rosen.

Wer durch Dornen geht, muß Schuhe tragen.

Das Wiesel saugt keine faulen Eier aus.

Ein Wieselein im Haus beißt die Katze aus.

Ein alter Besen scheut keinen Dreck.

Der Bengel liegt immer beim Hunde.

Mit schlechten Bengeln hebt man große Bäume.

Veilchen wachsen nicht als Nesseln.

Das dümmste Vieh schreit am lautesten.

In einem Finkennest fängt man keinen Storch.

Man muß auf einen Finkenschlag achtgeben, eher der Flug vorbei ist.

Besser im Finstern sitzen, als bei geborgtem Feuer sitzen.

Im Finstern sind alle Kühe schwarz.

Der Flegel, welcher die Tenne drischt, schlägt sich selber.

Ein Flegel schlägt den andern.

Die Ameise hält ein Johanniswürmchen für ein großes Licht.

Aus Eulen werden keine Falken.

Die Eule singt nicht wie die Nachtigall.

Eulen fliegen nicht mit bunten Krähen.

Eulen und Krähen haben nicht einen Gesang.

Eulen und Tauben kann auch ein kluger Vogel nicht aus einem Ei brüten.

Wo Eulen singen, schlagen Esel den Takt.

Eine Drossel nistet sich ihr eigenes Verderben.

Eine Fichte ist noch kein Wald.

Besser ein Fleck als ein Loch.

Beinahe bringt keine Mücke um.

Es ersäuft sich weder Hund noch Katz, ob sie schon den Bach sehen.

Alle Tage einen Faden macht des Jahr ein Hemde.

Auch festes Eis macht die Sonne zu Wasser.

Das Eis knackt so lange, bis es bricht.

Ein Eichhorn macht keine tauben Nüsse auf.

Deinen Eidam und dein Schwein laß nur einmal ins Haus hinein.

Ein Floh im Ohr macht große Beschwerden.

Flohfleisch ist das beste, die Weiber lecken die Hände danach.

Flohstiche dringen in keine harte Haut.

Flüche und Zoten sind des Teufels Boten.

Am Fohlen erkennt man das Pferd.

Es ist oft das beste Fohlen, das den Halfter zerreißt.

Der Frosch bläst seinen Kropf oft größer als der Kopf.

Die Frösche quaken wohl, doch das Wetter machen sie nicht.

Es ist kein Frosch so alt, daß er nicht im Frühling quake.

Wen die Frösche eingeladen, der muß in trübem Wasser baden.

Mögen die Frösche quaken, der Mond wird doch voll.

Keine Elster heckt eine Taube.

Der Ente Jungen sind geborene Schwimmer.

Die Ente lacht über das Watscheln der Gans.

Fremde Enten sind immer so groß wie Schwäne.

Wilde Enten sind schwer zu zähmen.

Wenn man Enteneier auch dem Schwan unterlegt, er wird doch keine Schwäne aus ihnen herausbrüten.

Entenmilch schlickert nicht.

Wo es Fischottern gibt, da gibt es auch Fische.

Ein Felsen erschrickt vor einem Platzregen nicht.

An den Federn erkennt man den Vogel.

An den Federn sieht man wohl, daß eine Eule keine Taube ist.

Wer nicht ein dickes Fell hat, muß nicht mit dem Dachs nach Honig gehen.

Niemand beißt sich in seine eigene Hand.

Wenn man nicht beißen kann, muß man nicht bellen.

Die Schnecke kommt so wohl zum Jahr als auch der Hase.

Die Schnecke trägt ihr Haus bei sich, weil sie den Nachbarn nicht traut.

Schnecken vertragen kein Salz.

Wo es mich beißt, darf ich nicht kratzen.

Es ist Stall wie Vieh, sagt jener, fand ein Floh im Hintern.

Wo der Damm am niedrigsten ist, läuft das Wasser zuerst über.

Dank nicht eher für das Schwein, du habest es denn im Sacke.

Lieber leeren Darm als müden Arm.

Das lauf allein davon, sagte der Bauer, da sprang ein Hase über den Weg.

Es gehören viel Mäuse dazu, wenn sie wollen eine Katze totbeißen.

Beiß in den Pelz, wenn du böse bist.

Es beißt kein Wolf den andern.

Es möchte mancher beißen, wenn er nur Zähne hätte.

Der Dachs geht nicht aus seinem Bau, es treib' ihn denn der Hunger.

Ein Dachs, der vom Honig lebt, weiß ihn auch zu finden.

Ein verhungerter Dachs kann nicht vom Fett leben.

Auch die Fliege überwindet den Ochsen, wenn der Wolf ihn fängt.

Die Fliege flattert so lange ums Licht, bis sie sich die Flügel verbrennt.

Die Fliegen setzen sich am meisten auf die magern Pferde.

Die kleinsten Fliegen haben den giftigsten Stachel.

Eine einzige Fliege verderbt ein Glas guten Wein.

Eine Fliege ist leicht verschluckt.

Fliegen folgen dem Honig.

Eine Fliegenmutter kennt ihre Jungen nicht.

Besser Flöhe gefangen, als müßig gegangen.

Die Flöhe setzen sich immer dahin, wo man sie am wenigsten jagen kann.

Die Flöhe sind lieber bei den Weibern; denn so sie gefressen, können sie auch im Bächlein trinken.

Die Katze lauert stumm und still,
wenn sie ein Mäuschen fangen will.

Blätter allein machen keinen Salat.

Hinterm Busche gibt's auch Ohren.

Blüten sind noch keine Früchte.

Was einem auf eignem Miste wuchs,
das borgt man nie von Rab' und Fuchs.

Wenn man vom Korn spricht,
sieht der Müller nach dem Winde.

Was am ersten blüht, wird am ersten welk.

Was nicht blühet, körnert nicht.

Am Klappern kann man nicht erkennen,
wie die Mühle mahlt.

Viel naß - wenig ins Faß.

Auf derselben Weide sucht der Ochse Gras,
der Storch Frösche und der Jagdhund Hasen.

Was man nicht am Heu hat, das hat man am Stroh.

Gäste, die nachmittags kommen,
bleiben gern über Nacht.

Frühe Gäste gehn auch früh,
Mittagsgäste bleiben bis zum Abend.

Man kann die Birke schütteln wie man will,
es fallen keine Nüsse herab.

Was kümmert's mich, wes die Kuh ist,
deren Milch ich trinke.

Ohne Kleie kein Mehl.

Ein goldener Sattel ist wohl viel wert,
aber er macht aus einem Esel kein Pferd.

Auf einem heißen Ofen wächst kein Gras.

Glückhaftem Menschen kalbert der Ochs'.

Viel lesen und nicht durchschauen
ist viel essen und übel verdauen.

Wir lernen, was wir vergessen sollten,
und vergessen, was wir lernen sollten.

Wer lernt am Morgen,
hat abends keine Sorgen.

Reicher Leute Kinder
und armer Leute Rinder
werden am besten gepflegt.

Beim Sonnenschein schlafen
und beim Mondschein wachen
wird niemand zum reichen Manne machen.

Geliehenes Geld soll man lachend zahlen.

Wo der Zahn weh tut, stößt die Zunge an.

Was dem Wolf in die Kehle kommt,
kommt kaum wieder heraus.

Der Weg des Vogels in der Luft
und des Fisches im Wasser
ist verborgen.

Oft fängt ein kleiner Hund ein wildes Schwein,
oft kann ein kleiner Feind
dem großen schädlich sein.

Wer lernt, muß so lange glauben,
bis er's besser versteht.

Wer lernen und gewinnen will,
muß leiden und ertragen viel.

An jungen Bäumen
muß man immer etwas abhauen,
wenn sie gerade wachsen sollen.

Alten Weg und alten Freund
soll man nicht vergessen.

Alte Sünde bringt neue Schande.

Was in des Nachbarn Garten fällt, das ist sein.

Die Wurzel muß den Stamm ernähren,
und Nahrung ihr der Stamm gewähren.

Wer nicht singen kann, der will immer.

Steh auf um fünf,
iß Mittag um neun,
des Abends um fünf
und zu Bett um neun -
so wirst du ein Mann von neunundneunzig
und eins.

Kein Sattel paßt auf jeden Rücken.

Auf eigenem Sattel reitet man am besten.

Spinne am Morgen - Gram und Sorgen;
Spinne am Abend - süß und labend.

Wer im Dorfe herumschwänzt, schadet sich selbst.

Rat nach der Tat kommt zu spat.

Lernst du wohl,
wirst du gebratener Hühner voll,
lernst du übel,
frißt du mit den Säuen aus dem Kübel.

Wer den Bauch voll hat, meint,
daß auch die Nachbarn satt sind.

Bürger und Bauer scheidet nichts denn die Mauer.

Des Bauern Handschlag ist auch ein Manneswort.

Wein, Weiber und Würfelspiel
verderben manchen.

Es ist kein Messer, das schärfer schiert,
als wenn ein Bettler gewaltig wird.

Das Gerücht wächst, während es läuft.

Wer nur ein Auge hat, ist allzeit bange dafür.

Der Bauer hört lieber das Hähnchen krähen
als das Vögelchen singen.

Ein Bauer, der mit Vieren fährt,
kommt bald ins Armenhaus.

Den Bauern schützt sein Spitz,
den Klugen sein Witz.

Der hungrige Leib zu Tische, der müde zu Bette.

Ein weiter Leib und reifer Mist
gar wohl und leicht zu unterscheiden ist.

Laß dem Bauer die Kirmes,
so bleibst du ungeschlagen.

Wem Gott reichlich gibt,
der soll nicht täglich Sankt-Martinsabend
halten.

Freunde in der Not
gehen vierundzwanzig auf ein Lot.

Drei Mehlsäcke hat der Bauer:
der Acker ist der erste,
der Garten der zweite,
der Stall der dritte.
Nutzt er keinen davon,
so kann er sich Bettelsäcke daraus machen.

Wird man so alt gleich wie 'ne Kuh,
so lernt man doch noch immer dazu.

Besser verbauert, als versauert.

Dein Holz zu Spänen hack,
dein Mehl zu Kuchen back,
dein Schwein zu Würsten hack,
dann greif zum Bettelsack.

Wenn der Sack kommt,
wirft man den Beutel in die Ecke.

An geschmierten Riemen
lernt der Hund das Leder fressen.

Wäre kein Aber dabei,
so wäre Rattengift Arznei.

Das schlechteste Rad am Wagen
macht den meisten Lärm.

Zum groben Blocke gehört eine Bauernaxt.

Es muß alles bleiben, wie es ist,
sagt Hans auf seinem Mist.

An kleinen Brunnen löscht man auch den Durst.

Keiner kann mehr geben, als er hat.

In eines andern Buttertopf greift sich's
wie in einen Kuhdreck.

Wo ein Aas ist, da sammeln sich die Geier.

Wer nicht leiht, der verliert die Freunde,
und wer leiht, macht sich Feinde.

Was das Auge nicht sieht,
das quält das Herze nicht.

Wenn die Maus nicht ins Loch kann,
bindet sie sich einen Schlegel an.

Der Narr kennt nicht seines Magen Maß.

Der Narr lacht, der Weise lächelt.

Großer Leib kommt nicht von kleinen Linsen.

Große Leibe, kleiner Verstand.

Ein verschmähter Freund, ein hungriger Hund
gehn traurig schlafen zu mancher Stund.

Aus böser Leinwand
kann kein guter Sack werden.

Fremdes Leid ist bald vergessen.

Es kommt geschwind ein Leid
und nimmt beim Gehn sich Zeit.

Es ist kein guter Pfennig,
der seinen Gulden erspart.

Wer mit Dreck ficht,
bleibt von ihm nicht unbeschissen.

Was drei wissen, das weiß die Welt.

Mancher Mann gibt guten Rat,
der für sich selber keinen hat.

Es leben viele vom Winde,
die keine Mühle haben.

Wenn die Leiter umgefallen ist,
weiß jeder, wie sie hätte hängen sollen.

Leute,
welche zur Zeit der Aussaat die Ruhe lieben,
werden zur Zeit der Ernte Hungers sterben.

An der Hund Hinken,
an der Huren Winken,
an der Weiber Zähren
und der Krämer Schwören
soll sich niemand kehren.

Krumme Wege beschädigen das Recht.

Ein leerer Wagen muß dem vollen ausweichen.

Welcher Wagen zuerst zur Brücke kommt,
der fährt zuerst hinüber.

Da schwimmen wir Äpfel, sagte der Roßapfel
und schwamm mit den echten.

Der hat gut scheißen,
der den Arsch bei sich hat.

Einem stößigen Bullen und einem Betrunkenen
muß man aus dem Wege gehn.

Der uralte Brauch reißt bei uns ein,
wo Buben ausschlüpfen, wollen sie wieder ein.

Magere Flöhe beißen scharf.

Adler brüten keine Tauben.

Wo der Adler zu schwach ist, muß der Zaunkönig helfen.

Wer einen Aal und einen Hasen zugleich will fangen,
dem bleibt wenig Fleisch an den Fingern hängen.

Acker-Studenten und Pflüge-Doktores
müssen immer lernen Mores.

Der geschenkte saure Apfel gilt für süß.

Bienen haben kurze Schnäbel
und scharfe Säbel
und machen kleine Wunden,
die schmerzen etliche Stunden.

Die Bitte ist heiß, der Dank kalt.

Wer Kohl pflanzt, kann keine Bohnen ernten.

Bären fressen keinen Sommer.

Aus dem Arsche eines Esels läßt sich keine Trompete machen.

Der Arsch juckt, das Salz wird wohlfeil werden.

Der Arsch juckt, der Braut werden die Zähne wachsen.

Ein fauler Arsch und ein warmes Bett lassen nicht gern voneinander.

Im Arsch sind die Hühner taub.

Leck mich am Arsch und beiß mich nicht.

Wer den Arsch bei sich hat, der hat gut scheißen.

Wer sich ärgert, gewinnt wenig.

Auf einen filzigen Arsch kommt keine weite Büxen.

Kräftiger Anfang, fleißiger Fortgang, glückliches Ende.

Die Angel ins Wasser werfen tut's nicht allein, der Fisch will auch gezogen sein.

Ehe man die Angel zieht, muß der Hecht erst anbeißen.

Mancher hängt die Angel nach Fischen ein und zieht nur Frösche heraus.

Der angelt vergebens, der keinen Wurm an der Angel hat.

Ein grauer Aal ist besser als eine bunte Schlange.

Wenn man glaubt den Aal am festesten zu haben, entschlüpft er.

Wenn man die Birke umhauen will, so ist sie schief.

Kleine Bächlein geben auch Fische.

Wenn man die Bächlein ableitet, muß der Fluß vertrocknen.

Der Balg ist besser als der Marder.

Bauernstolz und Übermut wohnen unter einem Hut.

Ein Baum ohne Wurzel wird weder Blätter noch Früchte tragen.

Faule Bäume - faule Früchte.

Wenn du Bohnen pflückst, laß welche zu Samen übrig.

Wenn man die Bohnen um zwölf Uhr legt, so tragen sie volle Taschen.

Wer will dicke Bohnen essen, darf des Märzen nicht vergessen.

Wo man Bohnen ernten kann, da säe man nicht Linsen.

Wer Bosheit sät, wird Schande ernten.

Eine Brandähre verdirbt die ganze Garbe.

Halb Busch, halb Stock sagte Eulenspiegel und suchte Schutz hinter einem Peitschenstiele.

Jeder Busch hat seinen Schatten.

Es ist nicht alles Butter, was von den Kühen kommt.

Je saurer die Butter verdient, desto süßer schmeckt sie.

Wenn man die Butter ans Fenster bringt, ist es schwer, sie am Schmelzen zu hindern.

Buttermilch aus dem Kübel vertreibt alle Übel.

Gar gekocht ist gesund

Hirsebrei mit brauner Butter
ist das beste Bauernfutter.

Wer Wurst, Brot und Schinken hat,
der wird noch alle Tage satt.

Was keine Butter wird, gibt Quark.

Tee, Kaffee und Leckerli
bringen dich ums Äckerli.

Dicke Bohnen und Schwartenmagen
kann der Bauer wohl vertragen.

Erdäpfel und Kraut füllen dem Bauern die Haut.

Besser ein kleiner Fisch auf dem Tisch
als ein großer im Wasser.

Magere Gans und herber Wein,
Gott behüt' uns vor den zwei'n.

Kartoffeln, ist der Bauern Sage,
schmecken alle Tage.

Käse ist am Morgen Gold, zu Mittag Silber
und am Abend Blei.

Was vorher in der Wurst gesteckt,
vergißt ein jeder, wenn sie schmeckt.

Wer einen Aal und einen Hasen
zugleich will fangen,
dem bleibt wenig Fleisch an den Fingern hangen.

Wer einen Aal halten will beim Schwanz,
dem bleibt er weder halb noch ganz.

Wenn du haderst um ein Schwein,
nimm eine Wurst und laß es sein.

Der Aal lebt von jedem Fisch, aber er gibt keinem Tisch.

Der Aal stirbt nicht, er werde denn zuvor mit einem Trunke Wein begossen.

Auf das schönste Fleisch setzen sich gern Schmeißfliegen.

Fleisch kann man ohne Salz nicht lang erhalten.

Wenn man des Fleisches satt ist, muß man den Käse bringen.

Wenn's Fleisch räuchelt, so hat's keinen Geschmack.

Sonniges Fleisch und schattiger Fisch ist gesunder Tisch.

Schönes Fleisch fressen die Würmer auch.

Das ist ein unglücklicher Fisch, dem das Wasser nicht schmeckt.

Kein Fisch bleibt außer dem Wasser frisch.

Wenn gekochter Fisch ins dritte Wasser kommt, wird er ungesund.

Ein klein Fischlein kann so gut schwimmen wie ein großer Hecht.

Viele kleine Fischlein geben auch ein Mahl.

Man muß die Disteln in ihrer eigenen Suppe kochen.

Aus einem Becher kann man nicht Essig und Honig trinken.

Aus einem leeren Becher vertrinkt man den Durst nicht.

Der erste Becher zieht den zweiten nach sich.

Ein goldener Becher macht den sauren Wein nicht süß.

Man kann es nicht jedem Becher ansehen, wie viele Gläser hineingehen.

Wer alle Becher leert, bekommt blaue Augen.

Neue Flaschen schaden dem Wein nicht.

Alt Fleisch gibt fette Suppen.

Was einmal Essig ist, wird nie wieder zu Wein.

Die Gänse befinden sich wohl, wenn sie weiden im Kohl.

Gar gekocht ist gesund.

Die Galle ist im Honig zäher.

Alte Gans und alter Has' geben einen Teufelsfraß.

Geschenkter Essig ist besser als gekaufter Honig.

Mit Essig fängt man keine Fliegen.

Böse Erbsen sind allweg obenauf.

Auf Eiern tanzen und mit Weibern umgehen muß gelernt werden sieben Jahr und einen Tag.

Alte Eier sind im Innern faul und stinkend, sind sie außen auch noch so weiß.

Aus Eiern entspringt nichts Vierfüßiges.

Eier wirft man nicht nach Sperlingen.

Eier von heute, Brot von gestern und vorjähriger Wein am besten gedeihn.

Man macht keinen Eierkuchen ohne Eier zu zerbrechen.

Drei Erbsen geben auch eine Kost.

Nicht alle Erbsen kochen weich, die auf dem Feuer stehen.

Der Magen ist stärker als die Ohren, auch fette Lerchen fängt man.

Der Magen reibt, auch wenn man nicht die Karre schiebt.

Ein guter Magen läßt sich nicht immer Wasser und Brot auftragen.

Ein guter Magen verdaut auch harte Brocken.

Ein hungriger Magen macht aus Wassersuppe Brühe.

Ein Magen, der stets Milch bekommt, lernt nie Fleisch verdauen.

Was man in den Magen bekommen, wird auch vom größten Herrn nicht genommen.

Wenn der Magen nicht wäre, ginge der Kopf verloren.

Alter Speck würzt die Schüssel.

Nicht allen Speck bratet man zum Kosten für die Mäuse.

Der Wein hat zwei Mängel:
der gute verderbt den Geldbeutel
und der schlechte den Magen.

Wo Ripple ond Schenka
em Sauerkraut wenka,
en Liabe und Treu
denk au an d' Säu.

Aus Unrecht kann nicht Recht werden

Das Gewissen ist ein guter Haushund,
der die Diebe wacker anbellt.

Wer in einem Jahr reich werden will,
kommt in sechs Monaten an den Galgen.

Wer redet, was er will,
der hört, was er nicht will.

Die Sonne scheint über Gerechte und Ungerechte.

Wer einem zu Leibe will,
findet leicht eine Ursache.

Leibesnot bricht kein Recht.

Altes Unrecht ist leichter zu tadeln als gutzumachen.

Aus Unrecht kann nicht Recht werden.

Das Unrecht fängt an, wo man einem weh getan.

Hundert Jahre Unrecht wird keine Stunde Recht, schrie der Bauer an der Klosterpforte.

Was einmal Unrecht gewesen ist, bleibt Unrecht zu aller Frist.

Quellenangaben

Deutsches Sprichwörter-Lexikon. Ein Hausschatz für das deutsche Volk. Hg. Karl Friedrich Wilhelm Wamder. Nachdruck der Ausgabe 1867. Kettwig 1987
Binder, W.Ch. Sprichwörterschatz der deutschen Nation. Leipzig 1873.
Böbel, Th. Die Haus- und Feldweisheit des Landwirts. Berlin 1854.
Körte, W. Sprichwörter, Zechbrüder, Wetterkalender, Leipzig 1873
Leistner, E. Des deutschen Landwirts Spruchwörterbuch, Leipzig 1876
Tüfels segi, ed. Barack, Bibl. des litt. Vereins, Stuttgart
Salomon und Marcolfus. ed. Benary
Fastnachtsspiele des 15. Jahrhunderts, ed. A. Keller, 4. Bde.
Uhland, Ludwig, Volkslieder, Nr. 248 II, S. 651
Von großen und kleinen Zeiten, Politische Lyrik von den Bauernkriegen bis zur Gegenwart. Hg. Thomas Rothschild. Frankfurt 1981
Komm, Trost der Nacht, o Nachtigall. Deutsche Gedichte aus dem 17. Jahrhundert. Leipzig 1979
Walter Killy (Hg.). Deutsches Lesebuch 1/2. Frankfurt 1970
Deutsches Lesebuch. Von Luther bis Liebknecht, Leipzig 1982
Das Poesiealbum. Verse zum Auf- und Abschreiben, Frankfurt 1979
Die Zeit des deutschen Bauernkrieges im Spiegel der Literatur. Berlin 1975
Petzold, Leander, Volkstümliche Feste. München 1983
Rickey, Werner; Strick, Michael (Hg), Der Honig ist nicht weit vom Stachel. Wiesbaden 1985
Klaffke, Bernhard, Frohe Tage Jahr für Jahr, Braunschweig 1959
Der schwäbische Spruchbeutel. Hg. R. + P. Herwig. Göppingen 1984

Inhaltsverzeichnis